STRANDSTEINE

FRANK RUDOLPH

STRANDSTEINE

SAMMELN UND BESTIMMEN VON STEINEN AN DER NORD- UND OSTSEE

ELLERT & RICHTER VERLAG

Erklärung der Farben und Abkürzungen:

Fachbegriffe

Gefüge

Gesteine

Minerale

Eiszeitliches

DK = Dänemark

SE = Schweden

NO = Norwegen

FI = Finnland

INHALTSVERZEICHNIS

EIN WORT VORWEG

Das Rauschen der Wellen, den Wind im Gesicht, Aufatmen und die Seele baumeln lassen. Was gibt es Schöneres, als einen Strandspaziergang? Erholung pur, einfach mal an nichts denken. Unweigerlich streift der Blick am Wellensaum entlang. Neben ein paar Muscheln und angespültem Seetang säumen unzählige Steine das Ufer. Jeder sieht anders aus, einer schöner als der andere. Und das Wasser bringt die Farben der Steine zum Leuchten.

Einer von ihnen sticht aus dem nassen Strandgeröll hervor. Ein strahlendes Rot mit gelben Einschlüssen. Eigentlich wollte man ja gar nichts mitnehmen, aber dieser eine Stein hier, der muss mit. Er ist viel zu interessant, um hier am Strand zurückzubleiben. Und vielleicht ist es ja auch ein ganz seltener Fund? Und schon wandert der neu entdeckte Schatz in die Jackentasche. Aber was ist das? Dort liegt ja noch ein kleiner Felsbrocken, gestreift, seine Farben passen genau zu den Dekorationsobjekten auf der Fensterbank zu Hause. Nun, die Mitnahme eines zweiten Steins kann man schon noch in Erwägung ziehen, so groß ist er ja auch nicht.

Zurück in den heimischen vier Wänden breitet man dann seine Schätze aus, die mittlerweile sämtliche Taschen gefüllt haben und auch der Partner hat angeboten, den Transport des einen oder anderen Fundstücks zu übernehmen. Das war ein erholsamer Spaziergang, und gelohnt hat es sich auch noch. Die Fensterbank ist um zahlreiche Dekorationsobjekte reicher geworden. Zum Glück wohnt man ja nicht allzuweit vom Strand entfernt, so eine Tour muss man unbedingt wiederholen. Und beim folgenden Ausflug ist der Blick schon ständig auf die Strandsteine gerichtet. Ihre Vielfalt ist faszinierend. Und es dauert nicht lange, dann liegt der erste Stein schon im Sammelbeutel, den man diesmal vorsichtshalber mitgenommen hat.

Zu Hause kommt die Erkenntnis, dass all die vielen Steine auf der Fensterbank ja gar nicht richtig zur Geltung kommen. Ihre Farben sind verblasst, als sie trocken geworden sind. Ein wenig Haarspray oder Steinwachs lässt sie neu erstrahlen. Und damit das so bleibt, wird kurzerhand die Vitrine im Wohnzimmerschrank geräumt. Das geerbte Porzellan kann erstmal in den Keller. Die Beleuchtung wird angepasst, damit man sich auch im Dämmerlicht an seinen Funden erfreuen kann. Wie alt die Steine wohl sein mögen? Ob man jemals erfahren wird, wie sie entstanden sind und woher sie kommen? Achtung, Ansteckungsgefahr! Steine sammeln macht süchtig. Aber keine Angst, das alles ist völlig normal. Und damit das Staunen noch größer wird, möchte das vorliegende Buch (Erd-)Geschichten erzählen, Bestimmungshilfe leisten und die Augen für neue und bisher unbekannte Steinfunde öffnen.

Vor 115.000 Jahren begann es im Norden zu schneien. Zuerst nur ein wenig, dann immer mehr. Der Schnee taute auch im Sommer nicht mehr ab. Auf dem Skandinavischen Gebirge zwischen Norwegen und Schweden bildete sich eine Schneedecke, die mit der Zeit immer dicker, immer schwerer wurde. Dabei wurden die hexagonalen, sternförmigen Schneekristalle durch den Druck der Auflast und durch Alterung, speziell durch Schmelzen, zu rundlichen Körnchen umgebildet. Aus einem riesigen Schneekristall wurde ein winziges Eiskörnchen. Aus 80 cm Schnee wurde 1 cm Gletschereis!

Man unterscheidet bei einem Gletscher ein sogenanntes **Nähr-** und ein **Zehrgebiet**. In seinem Nährgebiet wird der Eispanzer durch fortwährende Schneefälle immer schwerer. Ist die Auflast zu groß, verformt sich das Eis an der Gletscherbasis, es wird plastisch und beginnt zu fließen. Je mehr es schneit, desto größer wird der Druck und umso schneller schieben sich die **Gletscherzungen** talwärts. Die Fließgeschwindigkeit hängt dabei vom Gefälle der Landschaft und von der Menge des nachschiebenden Eises ab. An den Spitzen der Gletscherzungen taut das Eis ständig, hier befindet sich das Zehrgebiet. Wird mehr Eis nachgeschoben als vorne abtaut, rückt der Gletscher vorwärts. Ein Gletscher kann eine Geschwindigkeit von mehr als 1.000 m pro Jahr erreichen.

Die Gletscher über Schleswig-Holstein waren 300 m mächtig, d. h. es waren 24 km Schnee (übereinandergetürmt!) notwendig, um diese Gletscher zu bilden. Und die Gletscher über Skandinavien waren 3 km mächtig, das bedeutet eine theoretische Schneedecke von 240 km Dicke! Die Folge: Alles Wasser der Nordsee (die Ostsee gab es zu der Zeit noch nicht) war im Gletscher gebunden. Der Meeresspiegel lag zu der Zeit rund 120 m unter dem heutigen Niveau, man konnte zu Fuß nach England gehen. Übrigens, eine 3.000 m hohe Eissäule übt einen Druck von 2.700 t pro Quadratmeter aus, das entspricht rund 2.500 übereinander getürmten Kleinwagen. Aufgrund dieses gigantischen Gewichts wurde der gesamte Baltische Kontinent in den Untergrund gepresst.

Nach dem Abschmelzen der Gletscher setzte eine Landhebung ein, die man als **isostatischen Ausgleich** bezeichnet. Mittlerweile ist der Fennoskandische Schild wieder rund 300 m angestiegen, Gotland wächst noch heute etwa 1 cm pro Jahr aus dem Untergrund empor. Wer dort seit 30 Jahren Urlaub macht, hat heute rund 30 cm mehr Strand zur Verfügung – und zwar in der Höhe, nicht nur in der Breite.

Bild: Gletscher im Prins Christians Sund, Grönland.

Es gibt warme und kalte Gletscher. Ein „warmer" Gletscher gleitet auf einem Wasserfilm, der sich aufgrund der hohen Auflast an seiner Basis bildet („**Druckschmelzen**"). Bei einem „kalten" Gletscher ist das Eis am Untergrund festgefroren. Schiebt sich ein kalter Gletscher vorwärts, reißt er Gesteinsbrocken aus dem Untergrund heraus, die im Eis festfrieren und mitgeschleppt werden. Beide Gletscherarten nehmen loses auf dem Untergrund befindliches Material auf. Von den umliegenden Felshängen fallen Gesteinsbrocken auf den Gletscher. Zudem gibt es in den gewachsenen Felsen Baltoskandiens kleine Risse. In diese dringt Regen- oder Schmelzwasser ein. Gefrierendes Wasser dehnt sich aus und lässt riesige Steinblöcke aus dem Felsen herausplatzen. All dieses Material friert im Eis fest und wird mitgeschleppt. Weil die Gesteine von den Gletschern bis nach Norddeutschland geschoben wurden, nennt man sie Geschiebe.

Das Eis im Zentrum eines Gletschers bewegt sich schneller als das am Rand, und auch unten und oben gibt es unterschiedliche Fließgeschwindigkeiten. Dadurch wird die Gesteinsfracht während ihres Gletschertransports durchmischt. Vereinigen sich Gletscherzungen oder werden sie in ihrer Richtung umgelenkt, ändert sich die Zusammensetzung des Geschiebematerials. Kommt ein Gletscher zum Stillstand und wird ausgetautes Material später erneut aufgenommen, werden auch hier Gesteine unterschiedlicher Herkunft vermischt. Große Teile Norddeutschlands und Dänemarks bestehen heute aus gewaltigen Schuttmengen, die die Gletscher aus Dänemark, Norwegen, Schweden, Finnland, vom Grund der Ostsee, aus Estland und dem restlichen Baltikum zu uns geschoben haben. Dieser Schutt blieb nach dem Abschmelzen des Eises liegen und lässt uns an der Geologie ganz Baltoskandiens teilhaben: Steine aus der Oslo-Region liegen neben solchen von den Ålandinseln oder von Bornholm. Einige Geschiebe sind 1.000 km weit transportiert worden, andere stammen aus dem unmittelbaren Untergrund des Fundorts. Es gibt Gesteine mit einem Alter von über 2 Milliarden Jahren (das ist fast halb so alt wie die Erde!), andere sind zur Zeit der Dinosaurier entstanden und wieder andere sind „nur" wenige Millionen Jahre alt.

Wir finden die ältesten Fossilien Deutschlands am Strand. Sie sind fast 550 Millionen Jahre alt und zeugen vom Beginn des Lebens und der kambrischen Explosion. Funde von versteinerten Lebewesen aus fast allen erdgeschichtlichen Epochen und aus allen Tiergruppen sind möglich. Und diese Vielfalt, die uns die Hinterlassenschaften der Eiszeiten bieten, ist einzigartig in der Welt. Nirgendwo sonst kann man so vielfältigen geologischen Fragestellungen nachgehen wie an den Stränden der Ostsee zwischen Dänemark und Mecklenburg-Vorpommern.

Bei genauer Betrachtung weisen die Strandsteine häufig Spuren auf, die von den gewaltigen Kräften der eiszeitlichen Gletscher zeugen. Da gibt es geschrammte und gekritzte Geschiebe, Druckmarken auf der Oberfläche, zerbrochene und wieder verkittete Steine, Sichelsprünge und Parabelrisse, im Schmelzwasserstrom abgerollte Steine und vieles mehr.

1. Gesteinspartikel im basalen Gletschereis wurden über den Untergrund geschoben. So wurde das Grundgebirge geglättet und die Gesteinsbrocken im Eis geschliffen, zerkleinert, kantengerundet, geschrammt und gekritzt. Die entstandenen **Gletscherschrammen** zeigen an, in welcher Richtung das Geschiebe vom Gletschereis transportiert wurde. Wechselnde Transportrichtungen kann man an gekreuzten Gletscherschrammen erkennen.

2. Auch **Parabelrisse** weisen auf die Beanspruchung von Felsflächen hin. Sie zeigen mit der konkaven Seite in Richtung der Gletscherbewegung und haben keine Ausbrüche. Ähnlich, aber meist deutlich größer sind **Sichelbrüche**, die man auf Findlingen, vor allem aber auf dem kristallinen Grundgebirge in Skandinavien findet. Sie besitzen einen keilförmigen Ausbruch und zeigen mit der konvexen Seite in Richtung der Gletscherbewegung. Sichelbrüche und Parabelrisse entstehen, wenn Gesteinsblöcke ruckartig über den Untergrund geschoben werden.

3. **Druckmarken** und Ausbrüche entstehen durch starken Druck oder wenn Steine gegeneinander oder auf felsigen Untergrund gepresst werden.

4. Punktueller Druck führt zu **Nasenmarken** mit scherbigen Ausbrüchen.

5. Manche, meist relativ weiche Gesteine sind vom Gewicht der Gletscher regelrecht **zerquetscht** worden. Später wurden die Risse im Gestein durch Kalk oder Kieselsäure wieder verkittet.

6. Im Schmelzwasser des Gletschers können durch die gewaltigen Strömungen tonnenschwere Felsblöcke wie Spielbälle mitgerissen werden. Kleinere Gesteine schlagen gegeneinander, runden sich ab, andere werden in Gletschermühlen kugelrund geschliffen. Solche im Schmelzwasserstrom **abgerollten** Gesteine findet man in Kiesgruben, in denen sich Schmelzwassersande abgelagert haben.

7. **Windkanter** entstehen, wenn sandbeladener Wind in vegetationsarmen Gegenden über lange Zeit hinweg ungestört über freiliegende Steine weht. Durch den Windschliff erhält der Stein eine oder mehrere Kanten. Windkanter entstanden in Norddeutschland während der Periglazialzeiten, in Tundren oder Polarwüsten.

8. Bei Feuersteinen entstehen aufgrund ihrer Härte und Zähigkeit keine Kanten. Sie werden vielmehr vom Wind poliert und bekommen einen charakteristischen speckigen Glanz („**Firnis**“, „**Wüstenlack**“ oder „**Patina**“).

1
2
3
4
5
6
7
8

Geschiebe sind wie gesagt Gesteine, die die Gletscher der Eiszeit aus ihrer skandinavischen Heimat bis nach Norddeutschland geschoben haben. Von vielen Steinen weiß man nicht, woher sie genau stammen. Zahlreiche Gesteine sind einander sehr ähnlich und man kennt sie aus vielen unterschiedlichen Gegenden im Norden. Es gibt Gesteine, deren Heimat sich über Hunderte von Quadratkilometern erstrecken kann. Einige sind aber nur aus kleinen Gebieten bekannt. Manchmal kennt man Gesteine nur aus einer wenige Zentimeter dicken Schicht aus einem Aufschluss, der nicht einmal so groß ist wie ein Fußballfeld. Wenn solche Gesteine aufgrund ihrer Zusammensetzung auch noch gut bestimmbar sind, hat man etwas Besonderes gefunden.

Man nennt sie **Leitgeschiebe**. Weil man ihre Herkunft kennt, kann man mit ihrer Hilfe die Richtung des Gletscherstroms bestimmen, der sie transportiert hat. Steine, die aus Norwegen stammen (1), findet man im Norden Dänemarks sehr häufig, weil die Entfernung zwischen Ursprungs- und Fundort nicht sehr groß ist. Man kennt sie aber kaum noch östlich von Rügen, das sehr weit entfernt liegt. Auf der anderen Seite kann man auch finnische Gesteine (2) noch im Norden Dänemarks finden. Welch ein Durcheinander! Haben sich die Gletscher gekreuzt?

Je weiter man sich vom Entstehungsgebiet entfernt, desto kleiner werden die Gesteine. Wenn man viele solcher Beobachtungen auswertet, lässt sich die Geschichte der Eiszeiten Stück für Stück rekonstruieren. Jeder Stein erzählt dabei von seiner Heimat. So findet man letztendlich heraus, dass es viele kleine Eisvorstöße gab, dass die Gletscher die Richtung gewechselt haben und dass auch die Steine im Gletschereis selbst gemischt worden sind. Wenn man nun ganz viele Steine untersucht, kann man wie bei einem Puzzle viele kleine Teile zusammenfügen und das große Eiszeitalter schließlich entschlüsseln. Professionelle Geologen entnehmen einem bestimmten Horizont in einer Kiesgrube oder Steilküste 1.000 Geschiebe einer definierten Größe, bestimmen ihre Heimat und werten die geographischen Daten anschließend aus.

Mit solchen **Geschiebezählungen** kann man herausfinden, welcher Gletschervorstoß welche Steine wo aufgenommen hat und wie und wann er sie nach Norddeutschland geschoben hat. Auf diese Weise kann man die einzelnen Gletschervorstöße in einem Aufschluss bestimmen. Und das ist dann wieder sehr spannend.

1. Rhomben-Porphyr aus dem Oslo-Gebiet (S. 102)
2. Ringquarz-Porphyr von den Ålandinseln (S. 91)

HEIMATBESTIMMUNG

In der Geschiebekunde unterscheidet man das **Anstehende**, also den gewachsenen Fels im skandinavischen Herkunftsgebiet, und die eiszeitlich transportierten **Geschiebe**. Der Transportweg spielt dabei keine Rolle. Es gibt Gesteinsarten, die mehr als 1.000 km weit verfrachtet wurden, andere, sogenannte Lokalgeschiebe, finden sich in der nächsten Umgebung ihres Entstehungsorts. Beide Male ist die Heimat der Geschiebe bekannt. Mit Hilfe von Bestimmungsmerkmalen wie dem Mineralgehalt und dem Gefüge bei kristallinen Gesteinen oder den Fossilien bei Sedimenten kann man durch direkten Vergleich das skandinavische Pendant unserer Strandsteine ermitteln.

Aber längst nicht alle Gesteinsarten, die wir am Strand finden können, lassen sich auf ihre skandinavische Heimat zurückführen. Die Gründe hierfür sind vielfältig: Trotz jahrhundertelanger Forschung sind noch nicht alle Vorkommen im Anstehenden bekannt. Sie sind von der Vegetation zugedeckt oder unter glazialen Ablagerungen verschüttet. In einigen Fällen haben die Gletscher Gesteinsformationen komplett abgetragen. Wir wissen von ihrer Existenz nur durch Geschiebefunde, ihr Heimatgebiet ist dann nur in Ausnahmefällen zu rekonstruieren. Der Ostseegrund ist geologisch gesehen noch größtenteils unbekannt. Man kennt zwar seinen Aufbau bis zu einem gewissen Grad, viele wichtige Details sind aber unentdeckt und werden es wohl auch noch lange Zeit bleiben, denn Bohrungen am Meeresgrund sind teuer. Die Heimat von Geschieben unbekannter Herkunft wird folglich gerne auf dem Grund der Ostsee vermutet, vielleicht auch, weil niemand diese Behauptung widerlegen kann.

Die Heimatbestimmung der Geschiebe erfolgt meist im direkten Vergleich mit Gesteinsproben aus dem Anstehenden. Viele Universitäten und Institute besitzen nordische Vergleichssammlungen. Aber auch zahlreiche Privatsammler haben auf Skandinavienexkursionen Probenmaterial gesammelt und Fotos der Funde im Internet veröffentlicht. Eine andere Möglichkeit, ist die gezielte Sammlung bestimmter Geschiebearten. Es entsteht eine Verbreitungskarte, aus der man einen Streufächer ermitteln kann. Dieser wird immer schmaler, je weiter man sich der Heimat eines Gesteins nähert. In Finnland wurde so Erzprospektion gemacht und mit Hilfe von Geschieben anstehende Bodenschätze entdeckt. Bei Sedimentärgeschieben kann man mit Hilfe paläogeographischer Rekonstruktionen, also der Land-Meer-Verteilung, Ursprungsgebiete vermuten oder ausschließen. Entsprechendes gilt im kristallinen Bereich für tektonische Störungszonen, Granitplutone oder bekannte Vulkangebiete. Je genauer man die Geologie Skandinaviens kennt, desto exakter kann man eine Heimatbestimmung vornehmen.

Beispiel für eine exakte Heimatbestimmung:
Unterer Roter Orthocerenkalk (S. 156) mit Spurenfossilien *(Gastrochaenolites oelandicus)*. Unbekannte Organismen haben in einstigem Meeresboden gegraben. Diese gelb umrandeten Bohrgänge kennt man in dieser Farbkombination nur aus einer wenige Zentimeter mächtigen Schicht aus dem Norden Ölands, hier als „Blomminga Bladet" („Blühendes Blatt") bezeichnet. Das Foto oben wurde bei Hornsudde/Öland gemacht. Das unten gezeigte Geschiebe stammt von der Steilküste bei Heiligenhafen (östliches Schleswig-Holstein). Hier zeigt sich, wie genau der Ursprungsort eines Geschiebes ausgemacht werden kann.

GEOLOGIE SKANDINAVIENS

Um die Geologie Skandinaviens zu verstehen, drehen wir die Zeit zurück. Vor 500 Millionen Jahren war Nordeuropa ein eigener Kontinent: Baltica lag südlich des Äquators, etwa dort, wo sich heute Südafrika befindet. Im Laufe der Jahrmillionen driftete er nordwärts, seine Geschichte reicht aber über 3 Milliarden Jahre zurück. Die ältesten Elemente finden sich in Nordfinnland, Karelien und auf der Kola-Halbinsel und sind 2,5 bis 3,5 Milliarden Jahre alt. Kleine Kontinentalplatten lagerten sich in südwestlicher Richtung an.

Den „Kern" von Baltica bildeten die **Svekofenniden**, die 1,75 bis 2 Milliarden Jahre alt sind. Der Name leitet sich von „Schweden" und „Finnland" ab, wo sich überwiegend metamorph überprägte Sedimente, Vulkanite und Granitoide finden, aber auch bedeutende Erzlagerstätten. Von Småland bis zu den Lofoten erstreckt sich der **Transskandinavische Magmatitgürtel** (TMG/[engl.] TIB), der aus Graniten und Porphyren besteht und 1,65 bis 1,8 Milliarden Jahren alt ist. Von Nordwestdalarna bis Südwestfinnland sind präkambrische Sandsteine weit verbreitet.

In Südfinnland und Mittelschweden sind Rapakivi-Plutone vor 1,6 Milliarden Jahren in die älteren Gesteine eingedrungen. Blekinge, Südostschonen und Bornholm hatten vor 1,45 Milliarden Jahren eine eigene Gebirgsbildungsphase. Westlich des TMG befindet sich die bis 30 km breite **Protogin-Zone**, eine 1 Milliarde Jahre alte tektonische Störungszone. Herausgehobene Krustenbereiche weiter westlich werden als **Südwestliche Gneis-Region bezeichnet**. Sie entstanden vor 1,55 bis 1,7 Milliarden Jahren und wurden vor 0,9 bis 1,2 Millarden Jahren metamorph überprägt. Die **Mylonit-Zone** trennt sie in ein östliches und ein westliches Segment. Mylonit bedeutet „Mahlstein", der an der Scherfläche bei der tektonischen Überschiebung zweier Kontinentalplatten entsteht.

Der südliche Bereich des östlichen Segments der Südwestlichen Gneis-Region heißt auch **südwestschwedisches Granulitgebiet**. Hier ist der Metamorphosegrad am höchsten. Südnorwegen und Bohuslän sind mit etwa 900 Millionen Jahren deutlich jünger als die übrige Gneis-Region und kennzeichnen die svekonowegische Gebirgsbildungsphase. Die Kaledonischen Decken wurden vor 410 bis 510 Millionen Jahren auf den Westrand Balticas überschoben. Reste des präkambrischen Grundgebirges treten im Nordwesten an mehreren Stellen auf. Im Oslo-Graben herrschte vor 310 bis 245 Millionen Jahren ausgeprägter Vulkanismus. Die **Törnquist-Störungszone** kennzeichnet den Südrand des skandinavischen Schilds. Hier sind seit dem Karbon/Perm entlang einer Bruchlinie ältere Schichten viele Kilometer tief in den Untergrund abgetaucht. Jüngere Sedimentgesteine sind nur in kleinen Restvorkommen erhalten, die von ihrer einst weiten Verbreitung zeugen.

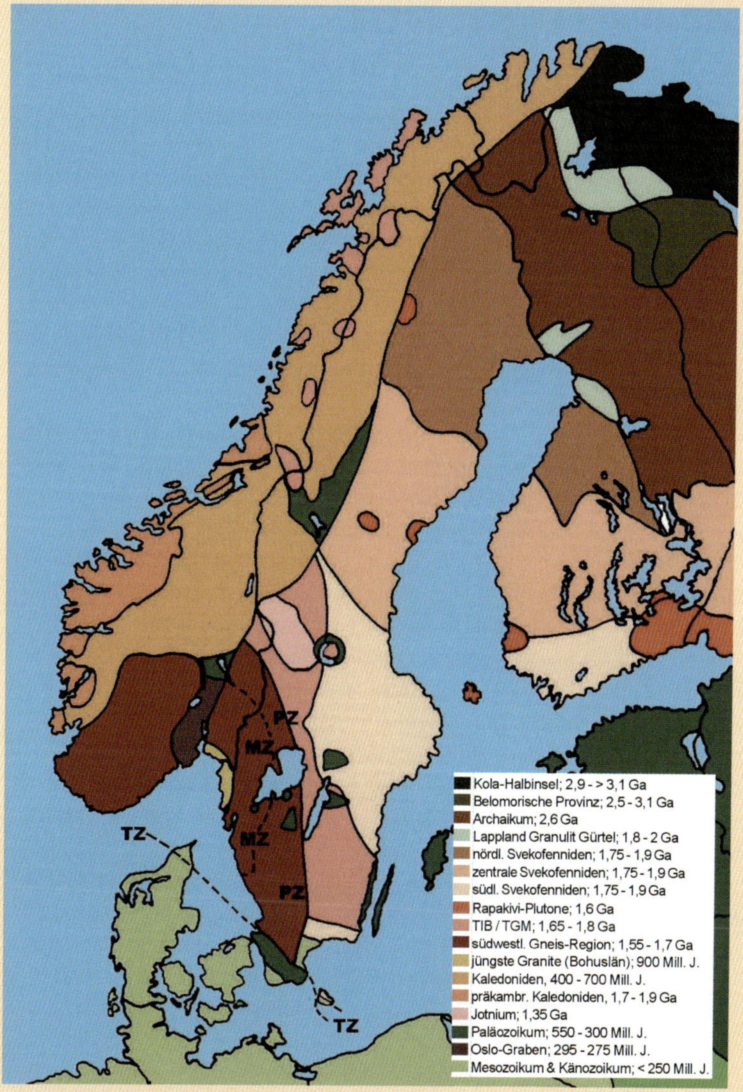

Ga = Milliarden Jahre
MZ = Mylonit-Zone
PZ = Protogin-Zone
TZ = Tornquist-Bruchzone

Irgendwann kommt im Leben eines Strandsteine-Sammlers der Zeitpunkt, an dem auf das bloße Aufsammeln von Steinen das gezielte Aufschlagen mit dem **Geologenhammer** folgt – sei es, um gesteinsbildende Minerale auf der frischen Bruchfläche zu bestimmen oder um Fossilien aus ihrem steinernen Gefängnis zu befreien. Bitte benutzen Sie hierfür keinen Zimmermanns- oder Maurerhammer aus dem Baumarkt. Diese sind nicht gehärtet und aus dem Hammerkopf können sich beim Schlagen auf ein zähes Gestein Metallsplitter lösen, die sogar Glasbrillen durchschlagen können. Geologenhämmer sind speziell gehärtet und im Fachhandel zu bekommen. Grundsätzlich sind Schutzbrille und -handschuhe empfehlenswert.

Manche Gesteine besitzen ferrimagnetische Eigenschaften. Bei Berühren mit einem Stahl- oder Neodym-**Magneten** zeigen sie eine mehr oder weniger starke „Anziehungskraft", abhängig von dem Gehalt an ferrimagnetischen Mineralen (besonders hoch bei Magnetit). Viele Magmatite besitzen solche ferrimagnetischen Eigenschaften. Basische Gesteine (**Basalt**, **Gabbro**, **Dolerit**) sind magnetischer als saure Gesteine (**Granit**, **Syenit**). Rote Sandsteine können durch ihren hohen Eisengehalt magnetisch sein, andere Sedimentgesteine und auch metamorphe Gesteine besitzen kaum magnetische Eigenschaften. Fast alle **Oslo-Basalte** sind magnetisch, darüber hinaus einige **Rhomben-Porphyre** sowie der **Taberg-Hyperit**. Aber auch viele **Quarz-Porphyre** und **Granite** führen Magnetit-Körnchen. Die **Schwermineralseifen**, die oft am Strand zu finden sind, bestehen zu einem großen Teil aus Magnetit-Körnchen („magnetischer Sand").

Ein Hilfsmittel, das bei keiner Gesteinsbestimmung fehlen sollte, ist eine **Lupe**, mit der man kleine, aber wichtige Details bei den gesteinsbildenden Mineralen erkennen kann. Am besten eignet sich eine Einschlaglupe mit 10-facher Vergrößerung (darunter reicht die Vergrößerung häufig nicht aus, darüber wird die Tiefenschärfe zu gering). Achten Sie beim Kauf darauf, dass das betrachtete Objekt bis zum Rand scharf ist und keine Verzerrung eintritt. Hier lohnt es sich, ein paar Euro mehr auszugeben. Am besten sind sogenannte achromatische Lupen, bei denen störende Farbsäume an Mineralgrenzen wegfallen.

Eine kleine Tropfflasche mit 10-prozentiger **Salzsäure** oder alternativ Essig gehört zur Ausrüstung eines jeden Geologen, da durch einen Tropfen Säure Kalk nachgewiesen werden kann. Durch Aufschäumen lassen sich **Kalksteine** und **Marmor** aber auch Kalkeinschlüsse in Graniten bestimmen.

1. Speziell gehärteter Geologenhammer
2. Starker Neodym-Magnet
3. Einschlaglupe mit 10-facher Vergrößerung
4. Tropfflasche für Säure zur Kalkbestimmung

Gesteine werden von Mineralen aufgebaut. Für die Bestimmung eines Gesteins muss man also seine Minerale erkennen und ihre Anordnung, das sogenannte Gefüge, deuten können. Eine Grundvoraussetzung für die Gesteinsbestimmung ist es daher, ein paar Minerale zu kennen. Aber keine Angst, es sind höchstens ein Dutzend – und von denen begegnet uns nicht einmal die Hälfte regelmäßig.

Gesteinsansprache

Wer ein Gestein bestimmen möchte, muss alle Merkmale beachten, die zu erkennen sind. Zunächst wird uns die **Farbe** des Gesteins auffallen. Ist es einfarbig oder bunt? Über die Farbe bekommen wir Hinweise auf die **Zusammensetzung**. Mehrere Farben bedeuten verschiedene Minerale. Bekannt und berühmt ist der Satz „Feldspat, Quarz und Glimmer, die drei vergess ich nimmer." Und damit sind schon die drei wichtigsten Minerale genannt, die uns in den Gesteinen am Strand häufig begegnen. Die Hauptfarbe, in der das Gestein erscheint, weist auf die überwiegenden Bestandteile hin. So besitzen etwa rote Granite in der Regel viele Alkalifeldspäte (S. 32).

An zweiter Stelle werden wir das **Muster** des Gesteins bemerken. Ist der Stein homogen, gestreift oder gefleckt? Das Muster wird von der Anordnung der Minerale im Raum bestimmt. Man spricht von einem **Gefüge**. Magmatische Gesteine, wie Granit, haben meistens ein **richtungsloses** Gefüge. Manchmal kann jedoch ein **Fließgefüge** auftreten, bei dem sich Kristalle in Bewegungsrichtung des Magmas anordnen. Umwandlungs- und Ablagerungsgesteine zeigen häufig ein solches **gerichtetes** Gefüge (S. 54 ff). Schließlich prüfen wir, ob alle im Gestein enthaltenen Minerale die gleiche Größe besitzen oder ob es deutliche Unterschiede gibt. Man spricht von **gleichkörnigen** oder **ungleichkörnigen** Gesteinen. Ist ein Magma schnell abgekühlt, sind die Kristalle klein geblieben. Erstarrt das Magma hingegen langsam, hatten die Kristalle Zeit zum Wachsen und können Zentimeter bis Dezimeter groß werden. Sind mit bloßem Auge oder unter der Lupe keine Kristalle erkennbar, ist ein Gestein **dicht**. Bei vielen Ganggesteinen kann man in einer dichten **Grundmasse** deutliche Kristalle erkennen, die man **Einsprenglinge** nennt.

Granit: feinkörnig und gleichkörnig

Granit: mittelkörnig und gleichkörnig

Granit: großkörnig und ungleichkörnig

Porphyr: dichte Grundmasse mit Einsprenglingen

Gneis: Streifen dunkler Minerale

Sandstein: geschichtet

Minerale bilden Gesteine

Nur selten besteht ein **Gestein** aus einem einzigen **Mineral** und ist damit einfarbig. Bestes Beispiel sind die gelben, rosa oder weißen Quarzite, die wir am Strand häufig finden können (oben rechts). In der Regel ist ein Gestein eher bunt, zeigt viele verschiedene Farben (Mitte rechts). Es besteht also aus verschiedenen Mineralen. Um ein Gestein bestimmen zu können, müssen wir die Minerale kennen, die es aufbauen. Das ist gar nicht so schwer, denn so viele sind es gar nicht. Zumindest nicht für den Anfang. Der **Granit** in der Bildmitte rechts besteht aus **Feldspat** (rosa), **Quarz** (weiß) und **Glimmer** (schwarz). Es sei hier bereits angemerkt, dass ein Mineral verschiedene Farben besitzen kann, aber dazu später mehr.

Feldspat, Quarz und Glimmer …

… die drei vergess' ich (n)immer. Das sind schon mal die drei allerwichtigsten Minerale, die unsere Strandsteine aufbauen. **Feldspat** (unten links) ist rosa, rot, orange, manchmal auch gelb, grün oder weiß. Wenn Feldspat-Kristalle durchbrechen, spiegeln sie an den Bruchflächen. **Quarz** (oben links) ist weiß, grau oder blau, selten grünlich. Er ist sehr hart. Er kommt als Bergkristall vor, in unseren Gesteinen aber eher in kleinen Körnchen oder als gestaltlose Masse. **Glimmer** (unten rechts) bildet hauchdünne Blättchen, die sogar biegsam und durchscheinend sind. Dickere Pakete sind schwarz und undurchsichtig oder silbrigweiß. Selbst kleinste Glimmerschuppen glänzen in der Sonne.

Die meisten Gesteine (beispielsweise Granit, Bildmitte) bestehen aus verschiedenen Mineralen. Nur selten kommt nur eine einzige Mineralart im Gestein vor (z. B. Quarzit, oben rechts).

Zusammensetzung

Magma ist eine mineralische Schmelze, das in den tiefen Zonen der Erdkruste und im oberen Erdmantel vorkommt. Magma besteht überwiegend aus Sauerstoff, Silizium, Aluminium, Eisen, Magnesium und Calcium in wechselnder Zusammensetzung. Je nach Mineralgehalt und dem vorherrschenden Druck kann Magma Temperaturen zwischen 700 °C und 1250 °C haben. Für die Einteilung der Gesteinsschmelzen nutzt man deren Silikat-Gehalt. **Silikate** sind die Salze der **Kieselsäure**, die aus Silizium und Sauerstoff sowie einem oder mehreren Metallionen bestehen. Die Erdkruste ist zu 90 Prozent aus solchen Silikaten aufgebaut.

Felsische Schmelzen (nach den Bestandteilen Feldspat und Silikat), auch **sauer** oder **rhyolitisch** genannt, besitzen einen Siliziumdioxid(= SiO_2)-Gehalt von über 65 Prozent. **Intermediäre** Schmelzen enthalten zwischen 52 und 65 Prozent SiO_2 und ein **basaltisches** oder **mafisches** Magma führt weniger als 52 Prozent SiO_2.

Tiefen- und Ergussgesteine

Aus einem bestimmten Magma können verschiedene Gesteine entstehen, wenn die Gesteinsschmelze tief unten in der Erde erstarrt oder durch einen Vulkanausbruch an die Oberfläche befördert wird. Und wenn das Magma auf seinem Weg nach oben stecken bleibt, entsteht wieder ein anderes Gestein. Gabbro ist ein Tiefengestein, der Basalt ist das entsprechende Ergussgestein. Der Larvikit (ein Syenit) mit seinen blau schillernden Feldspäten erstarrt in der Tiefe, während der Rhombenporphyr (ein Trachyt) die vulkanische Variante ist. Und der Granit als das wohl bekannteste Tiefengestein hat sein Gegenüber in einem quarzreichen Porphyr (Rhyolith). Die Menge an Quarz im Magma nimmt von links nach rechts zu.

EINTEILUNG DER GESTEINE

Man kann die Gesteine nach dem Ort ihrer Entstehung in drei Hauptgruppen klassifizieren: Magmatite, Metamorphite und Sedimentite.

Magmatite entstehen aus geschmolzenem Gestein, dem **Magma**, in dem verschiedene Minerale gelöst sind. Erkaltet diese Gesteinsschmelze, kristallisieren die Minerale aus. Passiert das tief unten in der Erde, in 10 bis 20 km Tiefe, so spricht man von Tiefengesteinen oder **Plutoniten**. Gelangt die Schmelze – beispielsweise durch einen Vulkanausbruch – als **Lava** an die Erdoberfläche und erkaltet dort, entstehen sogenannte Ergussgesteine oder **Vulkanite**. Dazwischen stehen die **Ganggesteine**, die entstehen, wenn die Schmelze beim Aufstieg die Erdoberfläche nicht erreicht hat, sondern vorher erkaltet ist.

Im Meer, in Flüssen, Seen und seltener auch auf dem Land entstehen durch die Ablagerung (**Sedimentation**) von Material durch Wind und Wasser sogenannte Ablagerungsgesteine oder **Sedimentite**. Unverfestigte Sedimente wie Schmelzwassersande bezeichnet man als **Lockergestein**.

Durch tektonische Bewegungen der Erdkruste, bei der Auffaltung von Gebirgen oder wenn glutheißes Magma auf den Untergrund trifft, können sich durch den (Gebirgs-)Druck und die hohen Temperaturen Gesteine verändern. Diesen Vorgang nennt man **Metamorphose**. Die entstandenen Gesteine bezeichnet man als Umwandlungsgesteine oder **Metamorphite**. Ausgangsgesteine können sowohl Magmatite als auch Sedimentite sein, die Produkte werden als Ortho- bzw. **Paragesteine** bezeichnet.

1. Magmatit: Plutonit (Småland-Granit)
2. Magmatit: Vulkanit (Öje-Diabas)
3. Magmatit: Ganggestein (Emarp-Porphyr)
4. Sedimentit (Kalmarsund-Sandstein)
5. Metamorphit (Gneis)

Gesteine entstehen, sie werden verändert und über kurz oder lang völlig zerstört. Aus den verbliebenen mineralischen Komponenten kann sich irgendwann ein neues Gestein bilden. Man schätzt die durchschnittliche Dauer eines solchen Kreislaufs auf 200 Millionen Jahre, er kann aber auch Jahrmilliarden dauern.

Jedes an der Erdoberfläche anstehende Gestein ist der Verwitterung (Erosion) ausgesetzt. Physikalische, chemische und biologische Faktoren tragen zu einer natürlichen Zersetzung bei. Regenwasser kann Minerale auflösen, Kohlenstoffdioxid ruft chemische Reaktionen hervor. Frost und starke Sonnenstrahlung können Steine zerrütten. Pflanzenwurzeln vermögen einen festen Gesteinsverband zu sprengen und Bohrringelwürmer und Bohrmuscheln siedeln in Gesteinen am Meeresboden. Bei Erdbeben und Bergstürzen zerbrechen Gesteinspakete mechanisch. Bei einem Transport in Flüssen oder eiszeitlichen Gletschern reiben sich Gesteinsbrocken ab. Gesteinstrümmer, Sand- und Staubkörnchen werden von Wind und Wasser fortgetragen und lagern sich am Grund eines Gewässers oder auf weiten Landflächen ab. Durch Verfestigung (**Diagenese**, S. 56) entstehen Sedimentgesteine.

Infolge tektonischer Kräfte während Gebirgsbildungsphasen (**Orogenese**) können Sedimentpakete, die einst am Meeresgrund lagen genauso wie in der Tiefe erstarrte magmatische Gesteine an die Erdoberfläche gehoben werden. Durch die auftretenden gewaltigen Drücke und hohe Temperaturen verwandeln sich Gesteine: Minerale bilden sich um, Gefüge verändern sich. Dabei entstehen neue Gesteine. Kontinentalplatten können sich aber nicht nur aufstauchen oder überschieben, sie können auch untereinander abtauchen (Subduktion). Dabei werden Gesteinsformationen in die Tiefe versenkt. Bei hoher Temperatur und entsprechendem Druck werden sie aufgeschmolzen. Aus dem Magma können sich Tiefen-, Gang- oder Ergussgesteine bilden, die wiederum verwittern, umgewandelt oder aufgeschmolzen werden können. Der Kreislauf beginnt von vorn.

Minerale verwittern unterschiedlich schnell. Ein Gestein, das aus verschiedenen Mineralen besteht, verliert deshalb schnell seinen Zusammenhalt. Dabei sind einige Minerale sehr verwitterungsresistent und können einen Gesteinskreislauf unbeschadet überstehen. Zu ihnen zählen Zirkone, die zu den Silikatmineralen gehören. Sie sind außerordentlich stabil. Einmal kristallisiert überstehen sie Erosions- und Umwandlungsphasen. Die ältesten Zirkone kennt man aus Sedimentgesteinen Australiens. Sie haben ein Alter von 4,28 Milliarden Jahren. Während das ursprüngliche Gestein, in dem sie einst entstanden sind, längst vergangen ist, erzählen sie den Forschern heute von der gerade fest werdenden Erdkruste in den Kindertagen unseres Planeten.

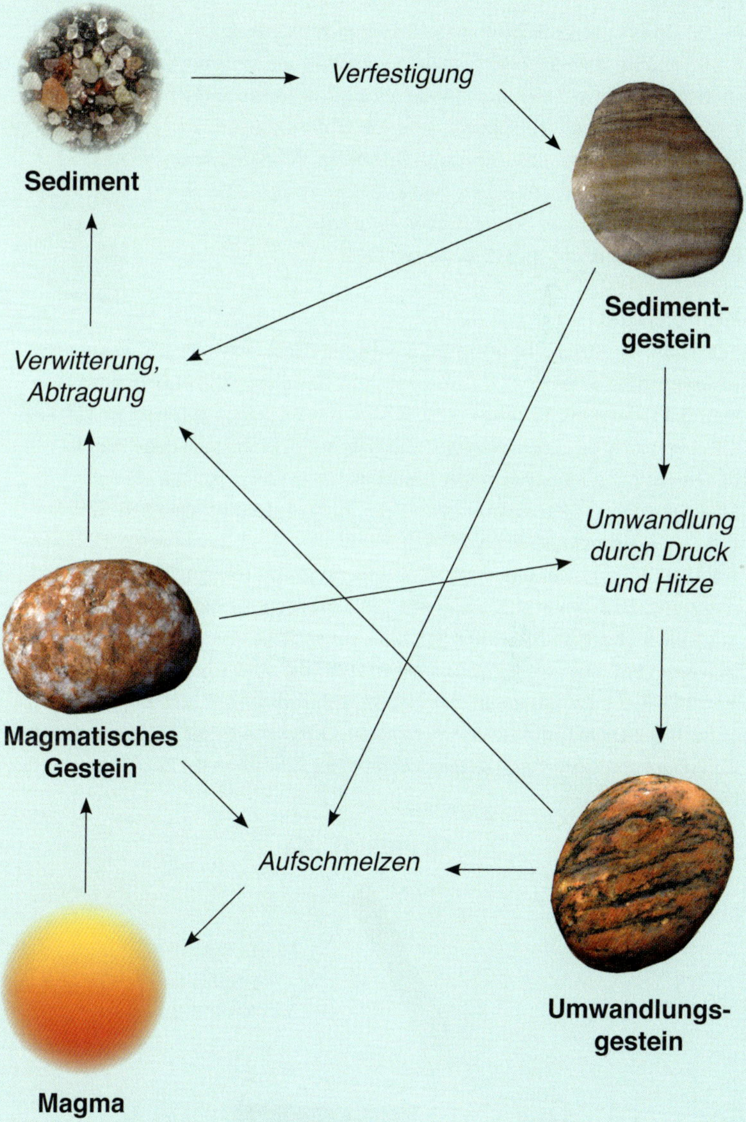
Sediment
Verfestigung
Sediment-
gestein
Verwitterung,
Abtragung
Umwandlung
durch Druck
und Hitze
Magmatisches
Gestein
Aufschmelzen
Umwandlungs-
gestein
Magma

Feldspat

Feldspäte sind die wichtigsten gesteinsbildenden Minerale der Erdkruste. Sie kommen sowohl in magmatischen und metamorphen als auch in sedimentären Gesteinen vor. Je nach chemischer Zusammensetzung unterscheidet man drei große Gruppen, die teilweise miteinander mischbar sind: **Orthoklas**, **Albit** und **Anorthit**. Feldspäte haben zwei sehr gute Spaltbarkeiten, die Bruchflächen spiegeln in der Sonne. Das Mineral hat die Härte 6 und ist damit etwas weicher als Quarz.

Kalifeldspat

Feldspäte, die Kalium (K) oder Natrium (Na) als Bestandteil führen, werden als Alkalifeldspäte bezeichnet. Kalium- oder kurz Kalifeldspat heißt **Orthoklas** oder **Mikroklin**, der reine Natrium-Feldspat **Albit** (Grafik unten). Dazwischen können sich Mischkristalle bilden. Natrium- und Kalium-Feldspäte sind dabei nur bei hohen Temperaturen miteinander mischbar. Bei einer langsamen Abkühlung des Magmas können sich in den entstehenden Kalifeldspat-Kristallen helle Streifen bilden, die aus natriumreichem Feldspat bestehen. Man spricht von **perthitischer Entmischung**. Kalifeldspäte sind meistens ziegel- bis blassrot, fleischfarben, manchmal auch braun oder weiß. Alle gesteinsbildenden Kalifeldspäte können sogenannte **Karlsbader Zwillinge** bilden, ein wichtiges Bestimmungsmerkmal. In diesem Fall sind zwei Einzelkristalle miteinander verwachsen. Im Gesteinsverband erkennt man dies daran, dass beide Hälften eines solchen „Doppelkristalls“ je nach Lichteinfall unterschiedlich spiegeln. **Orthoklas** ist nur sehr selten **zonar** aufgebaut und weitgehend resistent gegenüber **Alteration** (S. 34).

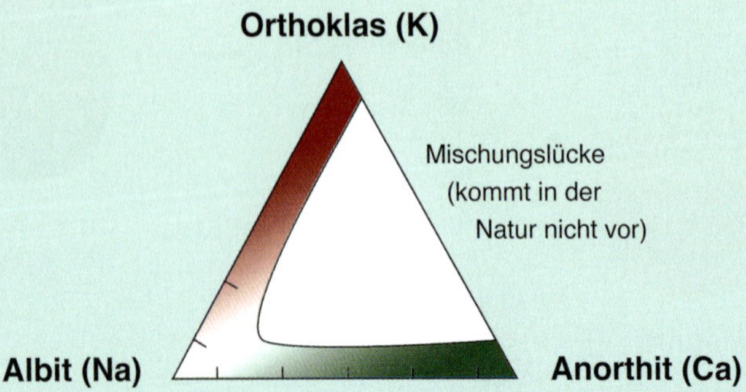

1

2

3

4

5

1. Orthoklas mit perthitischer Entmischung
2. Orthoklas-Kristall
3. Gelber Orthoklas als Karlsbader Zwilling
4. Karlsbader Zwilling in Granit, einseitig spiegelnd
5. Zonierte Feldspäte in einem Småland-Porphyr

Plagioklas

Plagioklase gehören auch zu den Feldspäten und enthalten als Komponente Natrium (Na) oder Calcium (Ca). Reiner Calcium-Feldspat heißt **Anorthit**, der Natrium-Feldspat Albit (S. 32). Damit wird **Albit** ja nach Kalium- oder Calciumgehalt als Alkalifeldspat oder als Plagioklas eingestuft (S. 32). Anorthit und Albit sind in beliebigem Verhältnis mischbar, es ist keine Entmischung zu beobachten. Plagioklas ist meist weiß, grau, violett oder gelb, seltener auch rötlich oder grün. Er bildet lamellar angeordnete Viellinge, man spricht von **polysynthetischer Verzwillingung** oder einfacher von **Zwillingsstreifung**. Man kann solche Kristalle an einer Vielzahl feinster paralleler Linien erkennen. Plagioklas ist anfällig für eine sogenannte **hydrothermale Alteration**. Dabei wird er durch heißes ionenreiches Wasser, das im Gesteinsverband zirkuliert, umgewandelt. Es kommt zu einer Farbänderung, einer Änderung der Kristallstruktur oder sogar zu einer völligen Neubildung der Minerale. Häufig ist eine „Vergrünung" von Plagioklas zu beobachten. Weil sich die chemische Zusammensetzung des Magmas während der Abkühlung durch die einsetzende Kristallbildung ändert, kann es zu unterschiedlichen Wachstumszonen innerhalb eines Plagioklas-Kristalls kommen. Eine solche **Zonierung** ist typisch für Plagioklas und vorwiegend bei Vulkaniten zu beobachten. Aus diesem Grund ist eine Alteration im Kern manchmal stärker als im Randbereich.

Ternäre Feldspäte

Ternäre Feldspäte enthalten Kalium, Natrium und Calcium und stehen als Mischkristalle zwischen **Orthoklas**, **Albit** und **Anorthit**. Man bezeichnet ternäre Feldspäte als Anorthoklas. Sie werden nur bei hoher Temperatur und anschließender langsamer Abkühlung in magmatischen Gesteinen gebildet. Die Feldspäte in den **Rhomben-** oder **Rektangel-Porphyren** sind solche ternären Feldspäte.

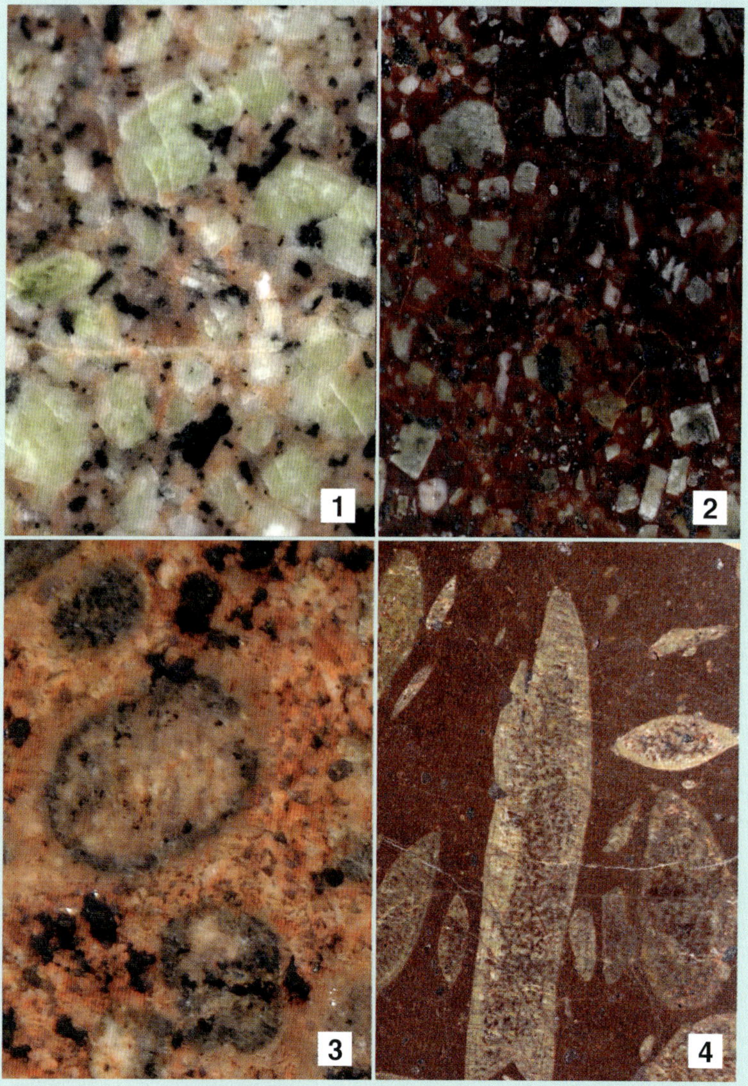

1. Plagioklas mit Zwillingsstreifung
2. Durch hydrothermale Alteration im Kern vergrünter Plagioklas
3. Dunkler Plagioklas-Saum
4. Ternärer Feldspat in Rhomben-Porphyr

Quarz

Quarz ist nach Feldspat das häufigste Mineral in der Erdkruste. Er ist eine Form des Siliciumdioxids (SiO_2), vereinfacht ausgedrückt besteht er aus „kristalliner Kieselsäure“. Die bekanntesten Quarz-Varietäten sind **Achat**, **Amethyst**, **Bergkristall** und **Chalcedon**, aber auch Feuer-stein besteht aus Siliciumdioxid. Quarz hat die Härte 7, er ritzt Fensterglas und bricht muschelig. Das Mineral reagiert nicht auf Säure und kann damit gut von dem ihm ähnlichen Calcit unterschieden werden. Quarz ist in der Regel farblos. In einigen Graniten gibt es dunkelgraue Quarze, deren Oberfläche aber angestoßen sein kann und dann hell aussieht. Hier hilft es, das Gestein anzufeuchten.

Besonders auffällig ist **Blauquarz**, wie er bei vielen Småland-Magmatiten oder im Uppasala-Granit auftritt.

Milchquarz ist durch mikroskopisch kleine Flüssigkeitseinschlüsse weiß gefärbt. Quarz ist sehr verwitterungsresistent. Er liegt in vulkanischen Gläsern oder als Opalkruste auf Feuerstein in **amorpher**, also nicht-kristalliner Form vor, kann in Gesteinshohlräumen aber auch kleine Kristalle bilden (z. B. als Quarzdruse im Feuerstein).

Manchmal findet man in einigen Vulkaniten oder **Rapakivi-Graniten** **idiomorphe** Quarz-Kristalle mit sechseckigem Umriss. Viel häufiger sind **xenomorph** kristallisierte Quarze, die bei der Erstarrung einer Gesteinsschmelze nicht ungehindert wachsen konnten, sondern von anderen Mineralen eingeengt wurden. Dabei entstehen die typischen formlosen Quarze in den meisten **Småland-Graniten**. In anderen Graniten (**Vänge-Granit**) ist der Quarz **zuckerkörnig** ausgebildet. Magmatite, die Quarz führen, bezeichnet man als **sauer**.

1. Blauer Quarz im Uppsala-Granit
2. Milchquarz
3. Idiomorphe Quarzkörnchen in Granit
4. Weißer, xenomorpher Quarz in Småland-Granit
5. Grüner, zuckeriger Quarz in Vänge-Granit

Glimmer

Glimmer kommen in magmatischen, metamorphen und sedimentären Gesteinen vor und gehören zusammen mit Feldspat und Quarz zu den wichtigsten und häufigsten gesteinsbildenden Mineralen. Glimmer bildet sehr dünne Kristalle mit metallischem oder perlmuttrigem Glanz. Die äußerst glatte Oberfläche reflektiert das Licht und lässt glimmerhaltige Gesteine im Sonnenschein intensiv glitzern. Glimmer lässt sich aufgrund seiner vollkommenen Spaltbarkeit in hauchfeine Blättchen teilen. Diese sind biegsam und sogar transparent. Mit Hilfe einer Nadel lassen sich die Ecken kleiner Kristallpakete aufbiegen. Die Härte ist mit 2,5 gering.

Es gibt eine Vielzahl von verschiedenen Glimmerarten. Im Geschiebe sind für die Gesteinsbestimmung vor allem Hellglimmer (**Muskovit**) und Dunkelglimmer (**Biotit**) wichtig. Muskovit ist farblos oder leicht gelbbraun getönt. Er bildet sich vorwiegend bei der Metamorphose und ist somit in Gneis und Glimmerschiefern häufig anzutreffen. Seltener kommt Muskovit auch in sauren Plutoniten (**Granit**, **Pegmatit**) vor, jedoch nicht in Vulkaniten. Durch Verwitterung entsteht aus Muskovit das Tonmineral **Illit**. Unter Biotit versteht man heute verschiedene dunkle Glimmer, die eine fast tiefschwarze Farbe haben. Biotit ist in den meisten Magmatiten (**Granit**, **Syenit**, **Rhyolith** u. v. m.) sehr häufig. In Zweiglimmergraniten treten Muskovit und Biotit nebeneinander auf. Der in einigen dunklen Magmatiten auftretende kupferfarbene bis goldbraune Glimmer ist häufig **Phlogopit**. Der grüne **Glaukonit**, der in einigen marinen Sedimenten auftritt (S. 151), gehört ebenfalls zu den Glimmern.

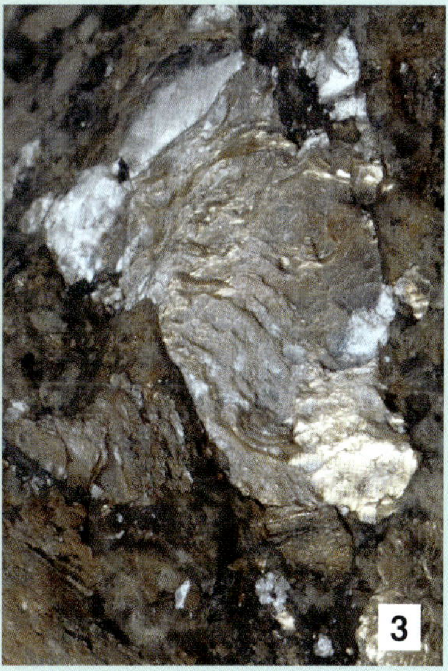

1. Transparentes Muskovit-Blättchen mit durchscheinendem Schriftzug
2. Dunkler Biotit in Granit
3. Heller Muskovit in Gneis

Dunkle Minerale

Zu den wichtigsten dunklen gesteinsbildenden Mineralen zählen die **Pyroxene** und die **Amphibole**. Beide unterscheiden sich in der Spaltbarkeit, im Glanz und in der Kristallgestalt.

Pyroxene: Augit

Der wichtigste Vertreter der Pyroxene ist der **Augit**. Augite treten vor allem in Plutoniten (**Gabbro**, **Diorit**) und in basischen Vulkaniten (**Basalt**, **Ankaramit**, **Diabas**) auf. Sie bilden gedrungene, oft sechseckige Kristalle. Der Glanz auf den Spaltflächen ist matt und in der Regel schwächer als bei der ähnlichen Hornblende. Der Winkel zwischen den Spaltflächen beträgt 90 Grad, zudem ist die Spaltbarkeit deutlich schlechter als bei der Hornblende. Bruchflächen von Kristallen sind rau, körnig oder sogar muschelig. Augite besitzen eine tiefschwarze, manchmal dunkelgrüne Farbe.

Amphibole: Hornblende

Der häufigste Vertreter der Amphibole ist die **Hornblende**, eine Sammelbezeichnung für verschiedene Minerale mit ähnlicher chemischer Zusammensetzung. Sie bildeten langgestreckte, säulige oder nadelige Kristalle, die stark glänzen. Die Farbe variiert zwischen dunkelgrün und schwarz. Die Spaltbarkeit ist gut. Beim Zerbrechen eines Kristalls bilden sich zwei Spaltflächen, der Winkel zwischen ihnen beträgt 60 bzw. 120 Grad. Damit kann man Amphibole gut von den ähnlichen Pyroxenen (90 Grad) unterscheiden, jedoch muss man die Winkel gezielt mit einer Lupe auf einer frischen Gesteinsbruchfläche suchen. Auch der glas- bis lackartige Glanz hilft, Hornblenden und Pyroxene auseinanderzuhalten. Hornblende kommt sowohl in Plutoniten (**Hornblende-Granit**, **Diorit** und **Gabbro**) und Vulkaniten (**Rhyolith**, **Basalt**) als auch in Metamorphiten (**Amphibolit**, **Gneis**) vor. Sie findet sich häufig zusammen mit Plagioklas, Biotit und Pyroxenen. Besonders auffällige, nadelartige Kristalle finden sich im Hornblende-Fels, der aus Norwegen stammt und besonders im nördlichen Dänemark zu finden ist. Im Geschiebe sehr selten sind Gesteine mit büscheligen Aggregaten von einem ganz speziellen Amphibol, dem **Gedrit**. Hier war das Ausgangsgestein ein magnesiumreiches Sediment, aus dem durch Metamorphose ein sehr helles, grünlich graues und unverkennbares Gestein entstanden ist. Es hat sein Herkunftsgebiet in Dalarna (Schweden).

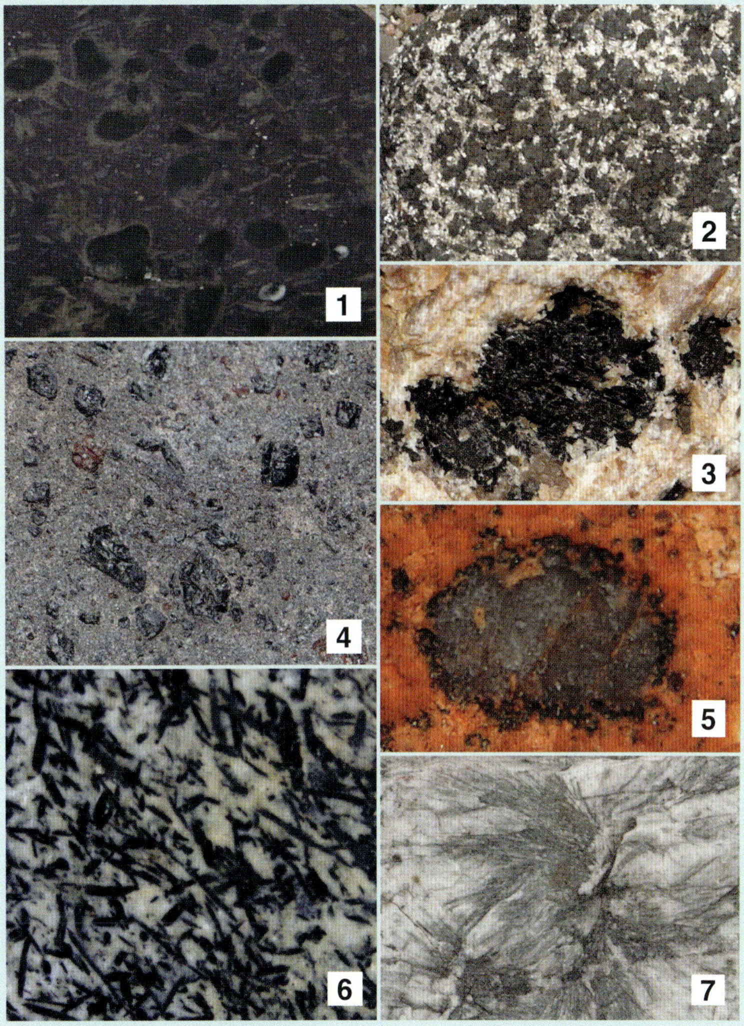

1. Grünlicher Augit im Oslo-Basalt
2. Dunkler Augit und heller Plagioklas in Diorit
3. Hornblende-Kristall in Granit
4. Augit-Kristalle in Olivin-Pyroxen-Basalt (Ankaramit)
5. Hornblendering um ein Quarzkorn im Ringquarz-Porphyr
6. Hornblende-Nadeln im Hornblende-Fels
7. Büschelige Hornblende (Gedrit)

Turmalin

Turmalin kann leicht mit Pyroxenen oder Amphibolen verwechselt werden. Er hat keine Spaltbarkeit und bricht uneben. Mit einer Härte von 7 ist Turmalin etwas härter als die dunklen Minerale der beiden anderen Gruppen, die nur eine Härte 5 bis 6 aufweisen, aber das ist mitunter schwierig zu prüfen. Turmalin kommt vor allem in **Pegmatiten** vor und bildet hier langgestreckte, manchmal strahlig angeordnete Kristalle, die immer einen dreieckigen Querschnitt zeigen, woran sie gut zu erkennen sind.

Granat

Unter dem Namen „Granat“ wird eine ganze Mineralgruppe gefasst, deren Vertreter sich chemisch geringfügig unterscheiden. Die wichtigsten sind **Pyrop**, **Almandin**, **Spessartin** und **Grossular**. Eine Unterscheidung ist makroskopisch nicht möglich, jedoch tritt Grossular vor allem in **Skarn** (kontaktmetamorph überprägtes Kalkgestein) auf, Pyrop und Almandin sind häufig in **Gneis**, **Granulit**, **Gabbro**, **Eklogit** und **Glimmerschiefer** zu finden. Granat-Kristalle in **Amphiboliten** haben meist eine blutrote Farbe, solche in **Granat-Gneisen** sind blasser und eher himbeerrot. Granat gilt allgemein als Anzeiger für eine Metamorphose, er kommt jedoch auch in einigen Graniten (z. B. **Perniö-Granit**) vor. Granate in **Sörmland-Gneisen** können mehr als 10 cm im Durchmesser erreichen. In metamorphen Gesteinen sind die Granat-Kristalle häufig von Rissen durchzogen, die die Druckrichtung angeben. Granat findet sich massenhaft in den sogenannten Schwermineralseifen („magnetischer Sand“) am Strand.

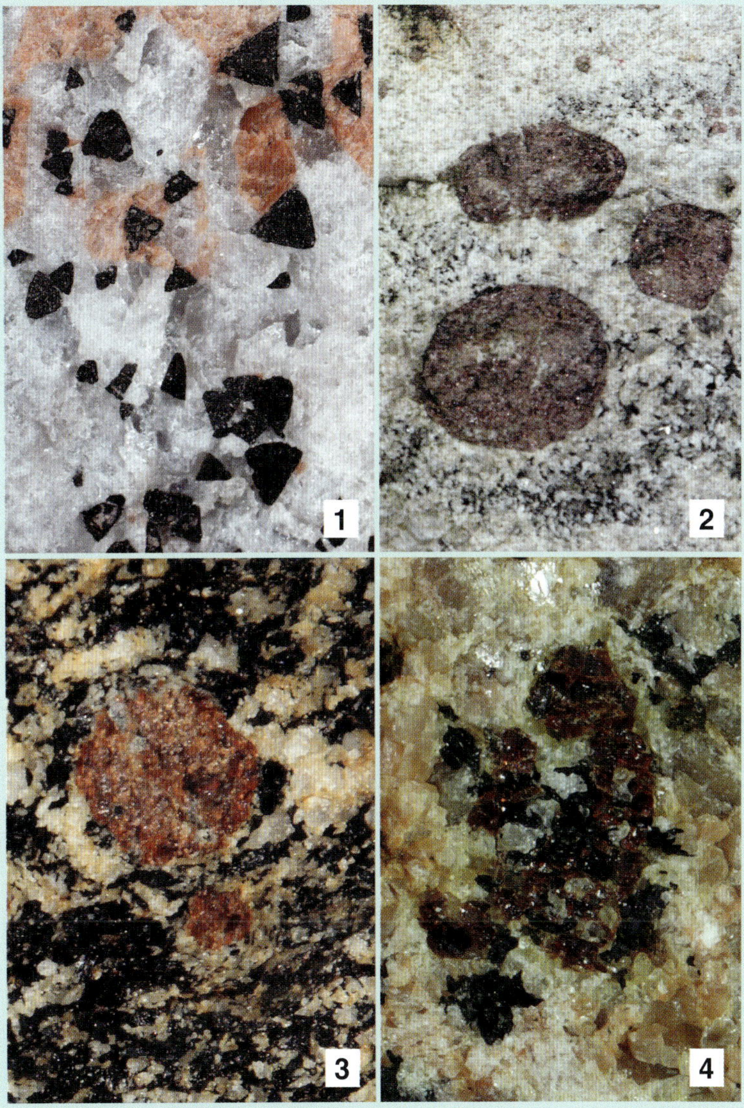

1. Dreieckige Turmalin-Kristalle in Pegmatit
2. Himbeerrote Granat-Kristalle in Sörmland-Gneis
3. Blutrote Granat-Kristalle in Weißschlierigem Granat-Amphibolit
4. Granatkörnchen in Varberg-Charnockit

Olivin

Olivin gehört wie Granat zu den Inselsilikaten und stellt ebenfalls eine Gruppe von Mineralen mit ähnlicher chemischer Zusammensetzung dar. Olivin bildet meist grüne Kristalle. Er verwittert rostfarben und hinterlässt auf Gesteinsoberflächen kleine Löcher. Olivin findet sich häufig in Basalten (**Schonen-Basalt**) und in basaltartigen Ganggesteinen (**Lamprophyre**, **Ankaramit**). **Olivin-Gabbros** sind selten, hier sind die grünen Kristalle von einem Hornblendering umgeben. Olivin kommt nicht zusammen mit Quarz vor.

Foide

Foide sind sogenannte Feldspatvertreter. Sie entstehen erst, wenn sämtliche Kieselsäure in einem Magma aufgebraucht ist. Foide und Quarz schließen sich also gegenseitig aus. In den Strandsteinen begegnen uns diese Minerale nicht allzu häufig. Die bekanntesten Minerale aus der Gruppe der Foide sind **Nephelin** und **Cancrinit**. Im Norden Dänemarks, seltener auch an den schleswig-holsteinischen Küsten, kann man **Nephelin-Syenit** finden. Nephelin bildet kleine graubraune Kristalle. In dem seltenen **Särna-Tinguait** finden sich bei genauem Hinsehen kleine gelbliche bis orangebraune, oftmals langgestreckte und transparente Kristalle von Cancrinit. Das Mineral kommt nur in Magmatiten vor.

Ägirin

Auffällig sind im **Särna-Tinguait** zudem die schwarzen Ägirin-Nadeln. Das Mineral gehört zu den Pyroxenen (S. 40) und tritt vor allem in quarzarmen bis -freien magmatischen Gesteinen wie **Syenit** und **Phonolith** auf.

Titanit

In einigen Magmatiten und Metamorphiten kommt das Mineral Titanit vor. Es bildet kleine, zugespitzte, manchmal rautenförmige Kristalle von rotbrauner Farbe, die gelb umsäumt sein können. Das Vorkommen von Titanit ist ein sicheres Erkennungsmerkmal für einige Granite (**Rätan-Granit**). Die Kristalle sind manchmal winzig und müssen mit der Lupe gesucht werden.

1. Olivin in Schonen-Basalt
2. Nephelin-Syenit mit grauem Nephelin, daneben weiße, tafelige Alkalifeld-späte und schwarze Pyroxene
3. Gelborange Cancrinit-Kristalle in Särna-Tinguait
4. Schwarze Ägirin-Nadeln in Särna-Tinguait
5. Titanit-Kristalle in Rätan-Granit

Das Gefüge

Wie wichtig das Gefüge des Gesteins für seine Bestimmung ist, haben wir bereits weiter oben erfahren. Hier sollen einige Gefüge nun noch etwas intensiver beleuchtet werden.

Magmatisches Gefüge: Plutonite (Tiefengesteine)

In größerer Tiefe erstarrte magmatische Gesteine bezeichnet man als **Plutonite**. Bei der Änderung von Temperatur oder Druck – beispielsweise durch Magmenaufstieg – können aus der flüssigen Gesteinsschmelze Minerale auskristallisieren. Bei einer langsamen Temperaturabnahme haben die Kristalle Zeit, um zu wachsen; bei einer schnellen Abkühlung bleiben sie klein. Man unterscheidet so fein-, mittel-, grob- oder riesenkörnige Gesteine. Besonders in Gängen können großkörnige Magmatite entstehen, die man als Pegmatit bezeichnet.

Bei allen Plutoniten ist die Anordnung der Minerale im Raum **richtungslos**. Das Gefüge sieht also immer gleich aus, wenn man das Gestein dreht – es ist nicht in einer Richtung deformiert, wie bei den metamorphen Gesteinen. Manchmal ist jedoch ein **Fließgefüge** zu erkennen, bei dem sich größere Kristalle an der Fließrichtung des Magmas ausgerichtet haben. Es gibt Gefüge, bei denen einzelne größere Kristalle in einer sonst gleichkörnigen Matrix (der Grundmasse des Gesteins) liegen; man spricht dann von einem **porphyrischen** Gefüge.

Bei der Bestimmung von Plutoniten sind die Mineralkomponenten und ihr mengenmäßiges Verhältnis zueinander wichtige Kriterien. Das bekannteste Tiefengestein ist der **Granit**, aber auch **Gabbro**, **Diorit**, **Monzonit**, **Syenit** und einige andere gehören in diese Gesteinsgruppe. **Syenite** sind mittel- bis grobkörnige, richtungslose Tiefengesteine, die mehr Alkalifeldspat als Plagioklas enthalten. **Monzonite** sind ebenfalls Tiefengesteine mit einem richtungslosen Gefüge. Sie enthalten in der Regel mehr Plagioklas als Kalifeldspat. In einigen Plutoniten sind Einschlüsse fremder Gesteine (**Xenolithe**) häufig.

1. Granit mit rotem Feldspat, grauem Quarz und dunklem Glimmer
2. Granit mit weißem Feldspat, grauem Quarz und dunklem Glimmer
3. Granit mit porphyrischem Gefüge
4. Sehr feinkörniger Granit

Magmatisches Gefüge: Plutonite (Tiefengesteine) II

Rapakivis sind ganz besondere Granite. Ihre Entstehung ist nicht an eine Gebirgsbildungsphase gebunden (**anorogen**). Als Besonderheit und sicheres Erkennungsmerkmal sind immer zwei Kristallisiationsphasen auszumachen:

Die Feldspäte und Quarze der ersten Generation liegen in Form von großen Kristallen vor, die sich in dem langsam abkühlenden Magma gebildet haben. Durch Magmenaufstieg kam es zu einer Temperaturerhöhung und damit zu erneuten Aufschmelzung. Die Quarze zeigen Spuren der damit verbundenen magmatischen Korrosion in Form tiefer Kanälchen, die eine vom Rand beginnende Auflösung belegen. Wachstumslamellen innerhalb der Feldspat-Kristalle zeigen, dass diese ursprünglich eckigen Kristalle wiederholt rund geschmolzen und dann in dieser Form weitergewachsen sind. Feldspat und Quarz der zweiten Generation bilden die körnige Grundmasse des Rapakivi, die bei einer zweiten Abkühlungsphase entstanden ist. Der Quarz zeigt sogenannte grafische Verwachsungen, die man als **Myrmekit** bezeichnet.

Die großen Feldspäte im Rapakivi bezeichnet man als **Ovoide**. Einige besitzen einen braunen, roten oder auch grauen Plagioklas-Ring. Bei der Verwitterung kann dieser eine kreisförmige Vertiefung auf der Gesteinsoberfläche hinterlassen. Solche Rapakivis bezeichnet man als **Wiborgit**. Die zweite Erscheinungsform ist der **Pyterlit**, bei dem sich die Quarzkörnchen kettenartig um die großen Feldspäte gruppieren. Plagioklas-Ringe sind dann nicht vorhanden.

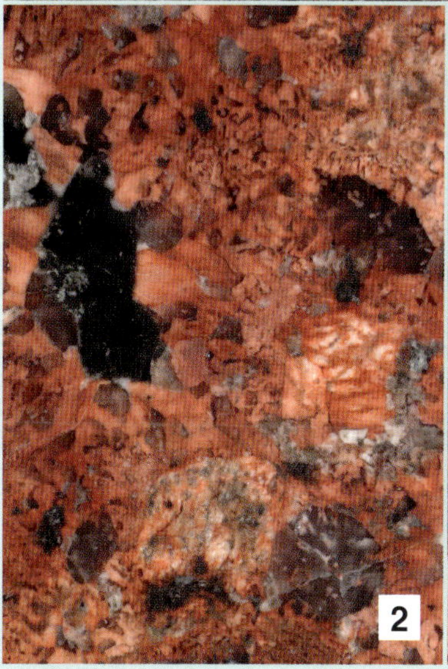

1. Pyterlit mit perlschnurartig aufgereihten idiomorphen Quarzkörnchen
2. Myrmekit (oben) und rundes Quarzkorn mit magmatischer Korrosion (unten rechts) in Åland-Rapakivi
3. Feldspat-Ovoid mit Plagioklas-Ring in Wiborgit

Magmatisches Gefüge: Subvulkanite (Ganggesteine)

Der Begriff „Porphyr" steht für ein reines Gefügemerkmal, er ist keine echte Gesteinsbezeichnung. **Porphyre** stehen als Ganggesteine zwischen den Plutoniten mit einem auskristallisierten Gefüge und den Vulkaniten mit einer feinkörnigen Grundmasse. Bei einem **porphyrischen Gefüge** schwimmen **Einsprenglinge** wie Rosinen in einem Kuchenteig.

Magma, das sich beispielsweise in einer Magmakammer unter einem Vulkan befindet, steigt langsam auf. Dadurch sinkt seine Temperatur, wodurch sich erste größere Kristalle bilden. Wenn das Magma nun bei einer zweiten, schnelleren Aufstiegsphase in einem Vulkanschlot, in Kanälen oder Gängen oder bei einem Vulkanausbruch nach oben geförd ert wird und dabei rasch abkühlt, bleibt die Grundmasse der neuen Gesteine feinkörnig. Die bereits fertigen Kristalle, die bei dem Magmenaufstieg mit nach oben gefördert wurden, bleiben in der fein- bis dichtkörnigen Matrix als Einsprenglinge stecken. Kristalle sind in der Regel **idiomorph**, also eigengestaltig. Feldspäte haben eine rechteckige Form, können durch Anschmelzung aber abgerundete Ecken bekommen. Manchmal sieht man beide Erscheinungsformen nebeneinander. Es gibt auch Plutonite mit einem porphyrischen Gefüge (S. 59, 65). In diesem Fall liegen große Einzelkristalle in einer gleichkörnigen Grundmasse. Man spricht dann von porphyrischen Graniten, oder von einem **Porphyraplit**, wenn die Matrix sehr feinkörnig ist. Entsprechend gibt es granitische Porphyre, bei denen die Grundmasse eine erkennbare Körnung zeigt.

Quarzreiche Vulkanite oder Subvulkanite mit porphyrischem Gefüge heißen Rhyolith. Sie haben eine dichte, manchmal leicht körnige Grundmasse, in der Einsprenglinge von Quarz und Feldspat liegen. Ein Trachyt ist ein vulkanisches Gestein, das meist deutlich weniger als 20 Prozent Quarz enthält. Der eigentliche Trachyt führt sogar weniger als 5 Prozent Quarz, darüber spricht man von einem **Quarz-Trachyt**. Bei den Einsprenglingen überwiegt der Alkalifeldspat, Plagioklas kann in wechselnder Häufigkeit ebenfalls vorkommen, spielt aber stets nur eine untergeordnete Rolle. Trachyte entsprechen von der Magmenzusammensetzung her den plutonischen Syeniten. Bei einem zähflüssigen Magma können die Feldspat-Einsprenglinge ein Fließgefüge zeigen. Der Name „Trachyt" stammt aus dem Griechischen und bedeutet übersetzt „rau", was auf die häufig poröse Grundmasse anspielt. Der bekannteste Trachyt unter den Strandsteinen ist der **Rhomben-Porphyr**.

Früher wurden quarzarme Vulkanite mit porphyrischem Gefüge und überwiegend aus Plagioklas bestehenden Einsprenglingen als **Porphyrit** bezeichnet.

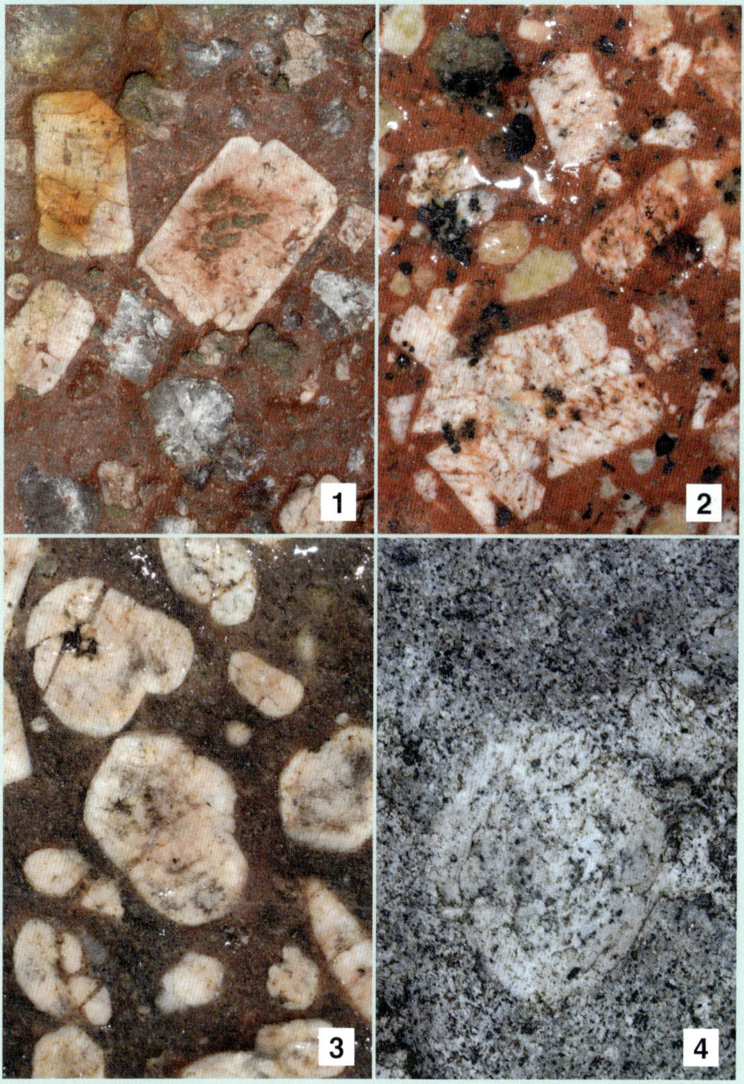

1. Rödö-Quarzporphyr mit großen idiomorphen Kalifeldspäten und eckigen Quarzen
2. Dala-Porphyr mit idiomorphem Kalifeldspat und Plagioklas
3. Småland-Porphyr mit gerundeten Kalifeldspäten
4. Porphyraplit mit großem Kalifeldspat

Magmatisches Gefüge: Vulkanite (Ergussgesteine)

Vulkanite entstehen bei vulkanischen Ereignissen an der Erdoberfläche. Ausgetretene Lava erkaltet sehr schnell und hat deswegen kaum Gelegenheit, Kristalle zu bilden. Die Matrix von Vulkaniten ist demzufolge meistens **feinkörnig** bis **dicht**. Oft sind die Minerale in der Grundmasse so klein, dass sie mit der Lupe nicht erkennbar und somit auch nicht bestimmbar sind. Dunkle, fast schwarze Vulkanite sind in der Regel **Basalte**. Es sind **basische** Gesteine, also solche, die arm an Kieselsäure sind. Aufgrund ihres höheren Kieselsäuregehaltes bezeichnet man hingegen quarzführende Gesteine als sauer. Die Grundmasse heller Vulkanite (**Trachyt**, **Latit**, **Andesit**) besteht häufig aus Feldspat und Quarz. Sind keine Einsprenglinge vorhanden, spricht man von einem **aphyrischen** Gefüge. Helle quarzreiche Vulkanite mit einem dichten Gefüge nennt man **felsitisch** (S. 138). Bei einem **trachytischen** Gefüge wurden Einsprenglinge von dem fließenden Magma nach ihrer Längsrichtung eingeregelt. Aufgrund ihrer feinkörnigen bis dichten Grundmasse brechen Vulkanite häufig scherbig bis muschelig. In einigen Basalten kommen dünne, scheibenförmige und richtungslos angeordnete Plagioklas-Kristalle vor, die mit dunklen Pyroxenen verwachsen sind und so eine gitterartige Struktur bilden. Vor allem auf angewitterten Oberflächen ist dieses sogenannte **ophitische** Gefüge leicht erkennbar. Auffällig ist es etwa beim **Åsby-Diabas** oder der nestartigen Auswitterung und dem damit verbundenen fleckenhaften Aussehen des **Kinne-Diabases**.

Lava kann durch Entgasung aufgeschäumt werden, wodurch Hohlräume entstehen, die sich später mit Mineralen, meist auf hydrothermalem Weg, füllen können. Es entstehen **Mandelsteine**, das Gefüge heißt **amygdaloid**. **Ignimbrite** entstehen aus sogenannten **pyroklastischen Dichteströmen**, vulkanischen Glutwolken, die bei explosiven Vulkanausbrüchen vorkommen und mit Geschwindigkeiten von mehreren 100 km/h talwärts rasen können. Sie erreichen Temperaturen von 800 °C. Ein solcher Dichtestrom enthält ein Gemisch aus Gas, Flüssigkeiten und festen Komponenten. Dabei vermischen sich Lavafetzen, bereits in der Magmakammer gebildete Kristalle, vulkanisches Glas, Gesteinstrümmer vom Rand des Vulkanschlots und einige Komponenten mehr, die sich später in den neuen Gesteinen wiederfinden. Für die meisten Ignimbrite sind sogenannte **Fiamme** (ital. für Flamme) ein charakteristisches Bestimmungsmerkmal. Sie entstehen durch Kompaktion von **Bims-Lapilli** (vulkanisches Auswurfmaterial). Diese charakteristische Paralleltextur nennt man **eutaxitisch** (S. 107).

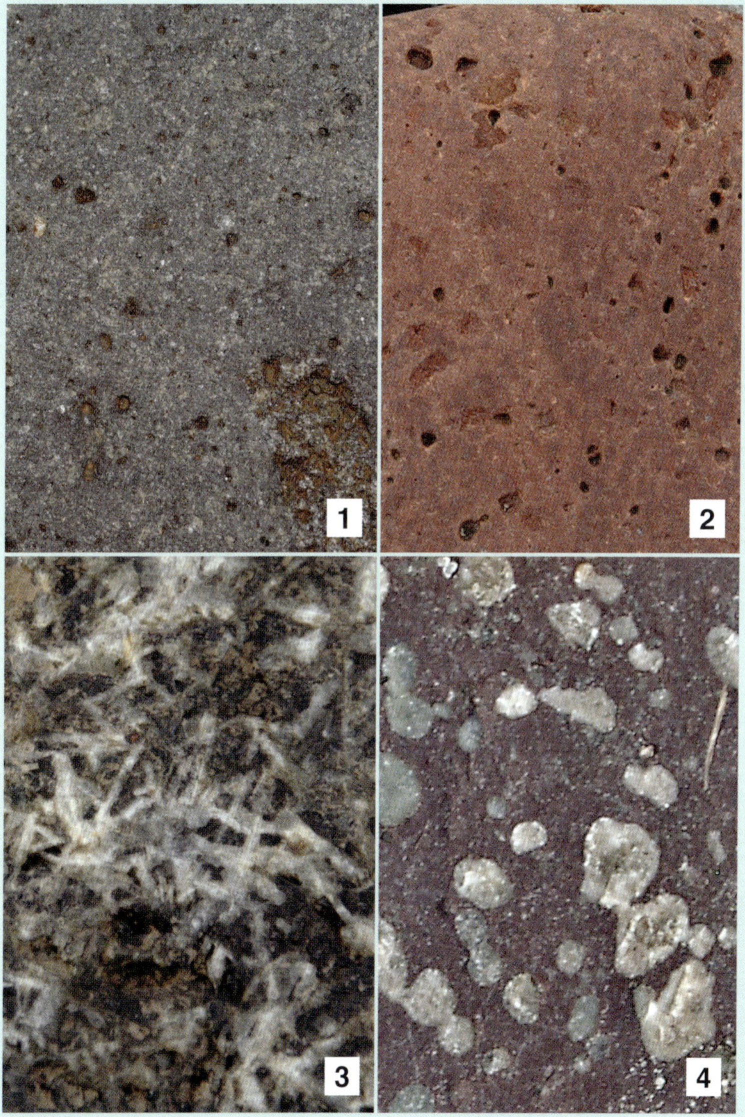

1. Schonen-Basalt mit ausgewittertem Olivin
2. Bredvad-Porphyr mit sehr dichter Grundmasse
3. Åsby-Diabas mit ophitischem Gefüge
4. Mandelstein mit amygdaloidem Gefüge

Metamorphes Gefüge: Metamorphite (Umwandlungsgesteine)

Gesteine können sich tief in der Erde durch Druck und Hitze infolge von Gebirgsbildung und Plattentektonik umwandeln, ohne dabei erneut aufzuschmelzen. Der Mineralbestand bleibt dabei häufig gegenüber dem Ausgangsgestein unverändert, jedoch ändern sich die Form der Kristalle und ihre Anordnung im Raum. Metamorphe Gesteine wie **Gneis** zeigen oft ein horizontal deformiertes Gefüge, eine Streifung oder Schieferung. Geht die Metamorphose von einem Magmatit aus, so entsteht ein **Orthogneis**. Ist das Ausgangsgestein ein Sediment, so bildet sich ein **Paragneis**. Je nach Metamorphosegrad bilden sich im Gefüge kurze, gebogene Mineralstreifen (**Flaserung**) oder eine regelrechte **Bänderung**. Bei lang ausgezogenen Mineralen spricht man von **Lineation**. Je nach Stärke und Dauer des gerichteten Drucks und in Abhängigkeit von der Temperatur können sich Minerale allerdings auch vollständig umbilden oder neu entstehen. Granat gilt als Anzeiger für eine Metamorphose. Im Geschiebe finden sich häufig **Granat-Gabbros**, **Granat-Gneise**, **Granat-Amphibolite** und einige weitere Gesteinsarten.

Größere eigengestaltige Kristalle, die durch Metamorphose in einer zuvor vorhandenen Gesteinsmatrix herangewachsen sind, werden als **Porphyroblasten** bezeichnet. Besonders auffällig ist das **Augengneis**-Gefüge, bei dem helle Feldspäte augen- oder linsenförmige Kristalle bilden. Ein metamorphes Gefüge ohne eine orientierte Anordnung von Kristallen nennt man **granoblastisch**. Bei einer **Kontaktmetamorphose** werden Gesteinspakete durch den direkten Kontakt mit aufsteigendem glutflüssigem Magma oder durch Lava bei einem Vulkanausbruch thermisch verändert; so werden beispielsweise aus Tonsteinen oder -schiefern **Hornfelse**. Bei denjenigen metamorphen Gesteinen, die nur aus einer Mineralart bestehen, ist das sichere Erkennen von metamorphen Merkmalen mitunter schwierig, so bei **Marmor** (aus Kalkstein entstanden) oder **Quarzit** (aus Sandstein entstanden).

Migmatite sind Mischgesteine, die sowohl metamorphe als auch magmatische Gefügemerkmale besitzen.

1. Heller Gneis mit dunklen Glimmerstreifen
2. Flaseriger Gneis mit kurzen Streifen von Feldspat und Glimmer
3. Granoblastisches Gefüge in einem Granat-Gabbro
4. Kontaktmetamorpher Hornfels am Langesundfjord in Norwegen

Sedimentäres Gefüge: Sedimentite (Ablagerungsgesteine)

Sedimentite entstehen durch die Ablagerung von Material, das meistens aus der Verwitterung von magmatischen, metamorphen oder sedimentären Gesteinen stammt. Diese Sedimentation kann an Land, in Flüssen und Seen oder am Meeresgrund geschehen. Zunächst unverfestigtes Lockergestein (z. B. **Sand**) kann durch Auflast (Druck) und chemische Prozesse verfestigt werden. Dabei unterliegt das Sediment einer **Kompaktion**, bei der sich die Porenräume verkleinern. Schließlich werden die Mineralkörner durch ein Bindemittel wie Kalk, Kieselsäure oder Eisensalze miteinander verkittet (Zementation). Der Prozess von Kompaktion und Zementation heißt **Diagenese**. Da an der Oberseite von Sedimenten immer neues Material abgelagert wird, entsteht eine für die meisten Sedimentgesteine typische Schichtung. Parallele Schichten heißen **konkordant**, stoßen sie in spitzem Winkel aufeinander, nennt man das **diskordant**. Eine solche **Schrägschichtung** kann in fließendem Wasser entstehen. Bei wechselnden Strömungsrichtungen bilden sich charakteristische Gefüge aus. Bei einer **gradierten Schichtung** nimmt die Korngröße der Sedimentpartikel innerhalb eines Schichtpakets von unten nach oben ab. Sie lässt Rückschlüsse auf unterschiedliche Strömungsgeschwindigkeiten zu. Je nach Korngröße unterscheidet man **Tonstein** (Partikel unter 0,002 mm), **Schluffstein** (0,002 bis 0,063 mm), **Sandstein** (0,063 bis 2 mm) und **Konglomerate** (über 2 mm). Sedimente, die aus den Verwitterungsprodukten anderer Gesteine aufgebaut sind, nennt man **klastisch**. **Riffkalke** sind biogene Sedimente, die aus Resten von Organismen oder deren biologischer Aktivität (z. B. Skelettbildung) hervorgegangen sind. **Kalksteine** können neben klastischer und biogener Bildung auch durch chemische Fällung entstehen. Sedimentite – und nur Sedimentite – können Fossilien führen.

1. Feine Sedimentschichtung im Kalmarsund-Sandstein
2. Schrägschichtung in unterkambrischem Sandstein
3. Gradierte Schichtung in unterkambrischem Sandstein
4. Grobe Lage aus Quarzkörnchen und Feldspäten im Nexö-Sandstein
5. Muschelschill in tertiärem Sandstein

Drammen-Rapakivi

Alter: 295 Millionen Jahre (Perm)
Herkunft: Oslo-Region (NO)
Häufigkeit: ●●○○○

Beschreibung: In der lachsfarbenen Grundmasse des Drammen-Rapakivi liegen Ovoide von 1 bis 3 cm Durchmesser. Manchmal sind diese Einsprenglinge zoniert, meistens sind sie jedoch einfarbig oder besitzen unscharf begrenzte Farbflecken innerhalb des Kristalls. Besonders im nassen Zustand treten die Ovoide deutlich hervor. Die Quarze der ersten Generation (S. 48) sind graublau und rundlich. Quarz der zweiten Generation liegt in Form eckiger Körnchen sehr zahlreich in der Grundmasse. Dunkle Minerale treten stark zurück.

Drammen-Rapakivi ist zwar als Geschiebe nur selten zu finden, aber er ist leicht erkennbar. Die besten Chancen auf Funde dieses Gesteins hat man in Nordjütland.

Rödö-Rapakivi-Granit

Alter: 1,5 Milliarden Jahre (Mesoproterozoikum)
Herkunft: Insel Rödö, östliches Mittelschweden
Häufigkeit: ●●○○○

Beschreibung: Rödö-Gesteine fallen am Strand durch ihre blutroten Feldspäte auf. Das Gestein hat einen porphyrischen Charakter; es scheint, als lägen die mehrere Zentimeter großen Feldspäte in einer ebenfalls rötlichen Matrix. Kleinere, etwas hellere Feldspäte in der Matrix sind häufig von kleinen Quarzen durchwachsen (S. 86). Quarz liegt zudem in großen, runden Körnern vor. Die Farbe des Quarzes ist hellgrau bis durchscheinend.

Plagioklas kommt in wenigen, auffallend gelben Kristallen vor. Eine Besonderheit sind weiße Aggregate von Calcit, die dem ähnlichen Rödö-Granit auch den Namen Kalk-Granit eingebracht haben, aber nicht in allen Blöcken anzutreffen sind. Oft sind sie verwittert und hinterlassen kleine Löcher in der Oberfläche.

Åland-Rapakivi-Granit

Alter: 1,6 Milliarden Jahre (Mesoproterozoikum)
Herkunft: Ålandinseln (FI)
Häufigkeit: ●●●●●

Beschreibung: Ein blass-fleischroter Granit mit grauen Quarzen und deutlichen rötlichen Orthoklas-Feldspäten, die von Plagioklas-Ringen umwachsen sind. Die Ringe sind im frischen Zustand grünlich, später gelblichgrau. Ganz ausgewittert hinterlassen sie deutliche Narben im Gestein. Die typischen Plagioklas-Ringe machen das Gestein nahezu unverwechselbar. Fehlt den Feldspat-Ovoiden der Saum, so spricht man von einem **Pyterlit** (S. 61). Rapakivis enthalten zwei Quarzgenerationen: größere, ältere, rundliche, angeschmolzene und mit tiefen Korrosionskanälchen versehene Körner, und winzigkleine, in der Gundmasse und in die Feldspäte eingewachsene, teils myrmekitische Körnchen (S. 48).

„Rapakivi“ bedeuted soviel wie „fauler Stein“ bzw. „verfaulender Stein“. Die kugeligen Feldspäte wittern mancherorts aus, der Stein „zerfällt“.

Pyterlit

Alter: 1,6 Milliarden Jahre (Mesoproterozoikum)
Herkunft: Ålandinseln (FI)
Häufigkeit: ●●●○○

Beschreibung: Rapakivi-Granit tritt in verschiedenen Erscheinungsformen auf. Neben dem wiborgitischen Gefüge, das durch die großen Plagioklas-Ringe um die eingeschlossenen Kalifeldspäte gekennzeichnet ist, kennt man beim Åland-Rapakivi vor allem das pyterlitische Gefüge, bei dem die Plagioklas-Ringe fehlen. Hier sind die zahlreichen, dunkelgrauen Quarze kettenartig um die ziegelroten, ovalen Kalifeldspäte herum aufgereiht. Dieses girlandenförmige Muster ist sehr auffällig und charakterisiert diesen Gesteinstyp gut. Plagioklas tritt in kleinen rotbraunen Kristallen oder Flecken auf.

Wiborgit und Pyterlit sind nicht die einzigen Erscheinungsformen eines Rapakivi-Granits, aber sie sind für den Laien am leichtesten zu erkennen.

Prick-Granit

Alter: 1,6 Milliarden Jahre (Mesoproterozoikum)
Herkunft: Åland bis Finnland
Häufigkeit: ●●●○○

Beschreibung: Ein fein- bis kleinkörniger Granit, dessen Mineralkörner mit dem bloßen Auge gerade noch sichtbar sind. Die Grundfarbe ist in der Regel rosa, kann aber von hellgelb über hellbraun bis fast braunrot variieren. Der Quarz ist dunkelgrau. Bei genauem Hinsehen erkennt man, dass die Grundmasse meistens aus miteinander verwachsenem Quarz und Feldspat besteht. Das wichtigste Kennzeichen ist der zu kleinen (1 bis 2 mm Durchmesser) „Pricken" vereinigte Biotit. Das Gestein sieht dadurch deutlich gefleckt aus.

Kökar-Rapakivi-Granit

Alter: 1,6 Milliarden Jahre (Mesoproterozoikum)
Herkunft: Åland
Häufigkeit: ●●○○○

Beschreibung: Die rechteckigen Feldspäte sind blassrot bis fleischfarben, zeigen deutliche perthitische Entmischung (Lupe!). Auffallend ist der blutrote bis braunrote Plagioklas, der jedoch keine Ringe um den Kalifeldspat bildet, sondern häufiger idiomorph vorkommt. Wie bei allen Rapakivis sind auch hier zwei Generationen von Quarz vorhanden. Der leicht trübe, himmelblaue Quarz der ersten Generation ist von kleinen grauen und bräunlichen Quarzkörnchen der zweiten Generation umsäumt (Lupe!).

Der Kökar-Rapakivi kommt westlich des Kökar-Archipels vor und steht nur auf wenigen kleinen Inseln, unter anderem auf Söderharu, an (vgl. Bräunlich auf www.kristallin.de). Man sollte dort, wo gehäuft Åland-Gesteine auftreten, besonders auf dieses Gestein achten.

Uthammar-Granit

Alter: 1,8 Milliarden Jahre (Paläoproterozoikum)
Herkunft: Småland (SE)
Häufigkeit: ●●●●○

Beschreibung: Besonders auffällig sind beim Uthammar-Granit die roten Kalifeldspäte. Einige von ihnen sind rechteckig, etwa 1 mal 2 cm groß, und diese stellen ein wichtiges Bestimmungsmerkmal dar. Oft sind die Feldspäte miteinander verwachsen. Der Quarz ist weiß, milchig und zu größeren Aggregaten vereinigt. Manchmal kann man in den Quarzbändern idiomorphe, d. h. eigengestaltige Quarze entdecken. Biotit kommt untergeordnet in kleineren dunklen Flecken vor.

Rätan-Granit

Alter: 1,8 Milliarden Jahre (Paläoproterozoikum)
Herkunft: Härjedalen bis Jämtland (SE)
Häufigkeit: ●●●○○

Beschreibung: Der Rätan-Granit ist ein vergrünter, porphyrischer Granit. Er ist deutlich ungleichkörnig. Beherrschendes Element sind große, meist gerundete, hellrote Kalifeldspat-Kristalle. Der Quarz ist blaugrau und milchig-trüb. Das Gestein enthält viel grünlichen Plagioklas und schwarzen Biotit. Der Rätan-Granit führt immer viele gelbbraune Titanitkörnchen (rechts; S. 45), die man aufgrund ihrer geringen Größe aber mit der Lupe gezielt suchen muss.

Rätan-Granit wir in der Geschiebeliteratur (Hesemann 1975, Zandstra 1999) beschrieben, scheint aber in Schweden als solcher unbekannt zu sein.

Filipstad-Granit

Alter: 1,8 Milliarden Jahre (Paläoproterozoikum)
Herkunft: Värmland (SE)
Häufigkeit: ●●●○○

Beschreibung: Granite vom Filipstad-Typus gibt es in einem großen Gebiet, das sich von Östergötland über Närke bis Dalarna erstreckt. Zahlreiche Abarten sind bekannt. Charakteristisch sind rosagraue bis braunviolette, rundliche Feldspäte, die von Plagioklas-Ringen umsäumt sind. Damit erinnern sie ein wenig an die Åland-Rapakivis (S. 60), sind aber viel bunter. Nicht alle Kalifeldspäte besitzen diese Ringe. Plagioklas kommt auch in kleineren Körnchen vor, ist weiß, orange oder gelblich. Der Quarz ist grau bis blau, je nach Herkunftsgebiet. Dunkle Minerale (Hornblende und Biotit) sind in kleinen Nestern angeordnet.

Stockholm-Granit

Alter: 1,8 Milliarden Jahre (Paläoproterozoikum)
Herkunft: Uppland (SE)
Häufigkeit: ●●○○○

Beschreibung: Stockholm-Granit ist weiß bis hellgrau. Die einzelnen Mineralkörnchen sind in der Regel unter 2 mm groß; der Granit ist feinkörnig und gleichkörnig (S. 22). Beide Feldspäte kommen vor: Kalifeldspat grau bis grauweiß, Plagioklas etwas heller oder ganz weiß. Auch der Quarz ist grau. Einige dunkle Glimmerschüppchen (Biotit) liegen gleichmäßig in der Matrix verteilt. Der Stockholm-Granit ist sehr homogen. Gelegentlich kommen jedoch größere Xenolithe vor.

Uppsala-Granit

Alter: 1,9 Milliarden Jahre (Paläoproterozoikum)
Herkunft: Uppland (SE)
Häufigkeit: ●●●●○

Beschreibung: Uppsala-Granit gehört zusammen mit dem Sala- und dem Stockholm-Granit zu den schwarzweißen Uppland-Graniten, die nicht immer leicht voneinander zu unterscheiden sind. Uppsala-Granit führt weißen Plagioklas und Kalifeldspat, blaugraue Quarze und einen erheblichen Anteil an dunklen Mineralen, die in Nestern zusammenliegen. Hier überwiegt Hornblende, aber auch dunkler Glimmer (Biotit) ist vorhanden. Das Gestein wirkt dadurch deutlich schwarzfleckig. Die dunklen Minerale verwittern schneller als die hellen Bestandteile des Gesteins, die Oberfläche wird dadurch narbig.

Järeda-Granit

Alter: 1,8 Milliarden Jahre (Paläoproterozoikum)
Herkunft: Småland (SE)
Häufigkeit: ●●●○○

Beschreibung: Der Järeda-Granit gehört zu den Småland-Graniten, die man an den blauen Quarzen immer gut erkennen kann. Die Feldspäte sind teils rund, teils rechteckig, manchmal mit hellem, oftmals unvollständigem Plagioklas-Ring. Der Quarz ist milchig graublau. Besonders charakteristisch sind die teils haarfeinen dunklen Glimmerstreifen, die manchmal sogar die Feldspäte durchschneiden (Bild Mitte). Dann ist das Gestein eindeutig bestimmbar.

Järeda-Granit wird in der Literatur auch als Mariannelund-Granit bezeichnet.

Vanevik-Granit

Alter: 1,8 Milliarden Jahre (Paläoproterozoikum)
Herkunft: Småland (SE)
Häufigkeit: ●●●○○

Beschreibung: Der Vånevik-Granit gehört zu den Småland-Graniten. Besonders auffallend sind die violettblauen Quarze, die bei nassen oder feuchten Steinen besonders hervortreten. Sie sind zu mehr oder weniger großen Komplexen vereinigt. Manchmal sind die Quarze von violettroten Adern durchzogen. Der Feldspat ist braunrot. Biotit kommt in kleinen Aggregaten vor und ist in manchen Geschieben grünlich (Chlorit). Der Vånevik-Granit enthält 1 bis 3 mm große, bräunliche Titanit-Körnchen. Im trockenen Zustand sind diese Gesteine kaum von anderen roten Graniten zu unterscheiden.

Flivik-Granit

Alter: 1,8 Milliarden Jahre (Paläoproterozoikum)
Herkunft: Småland (SE)
Häufigkeit: ●●●○○

Beschreibung: Der Flivik-Granit gehört ebenfalls zu den Småland-Graniten. Die Grundmasse ist mittelkörnig und nahezu gleichkörnig, einige wenige größere braunrote Kalifeldspäte sind jedoch darin eingebettet. Der Quarz ist himmelblau, er macht etwa ein Viertel bis ein Drittel der Grundmasse aus, gelegentlich sogar mehr. Auch Biotit ist reichlich vorhanden und teils zu kleinen „Schmitzen" vereinigt. Das Gestein wirkt schwarz-weiß-rot gesprenkelt.

Vänge-Granit

Alter: 1,95 Milliarden Jahre (Paläoproterozoikum)
Herkunft: Uppland (SE)
Häufigkeit: ●●○○○

Beschreibung: Der Vänge-Granit gehört zu den ältesten Graniten, die im Geschiebe zu finden sind. Der Kalifeldspat ist blassrosa bis kräftig fleischfarben. Er wird bis 3 cm groß. Der Plagioklas ist bedeutend kleiner, meist unter 5 mm. Er ist grauweiß, kommt teilweise in kleinen, rechteckigen Kristallen vor und ist oftmals an den Rändern der großen Kalifeldspäte orientiert. Das beste Bestimmungsmerkmal ist heller, teils grünlicher bis schmutziggelber und zuckeriger bis feinkörniger Quarz, der sich in Schlieren durch das Gestein zieht und bis zu 40 Prozent der Gesamtmasse ausmacht. Biotit spielt nur eine untergeordnete Rolle und kommt in kleinen schwarzen Aggregaten vor.

Ångermanland-Syenitgabbro

Alter: 1,58 Milliarden Jahre (Mesoproterozoikum)
Herkunft: Ångermanland (SE), Åland (FI)
Häufigkeit: ●○○○○

Beschreibung: Auffällig sind die im Ångermanland-Syenitgabbro enthaltenen, bis zu 5 cm großen, grünen Plagioklas-Kristalle, die eine ausgeprägt rechteckige Form besitzen können. Dazwischen findet sich eine Matrix aus rotem Feldspat. Wenige dunkle Minerale in Form von Hornblende, Pyroxen und Biotit können vorkommen. Die roten Schlieren in dem Gestein sind wichtiges Bestimmungsmerkmal. Ein kieselsäurereiches Granit-Magma hat sich am Rande eines Plutons mit einem kieselsäurearmen, noch nicht verfestigten Gabbro vermischt. Das Ergebnis ist im Prinzip ein Granit-Gabbro-Mischgestein.

Es gibt ein identisches Gestein auf der Insel Höggrund im Westen des Åland-Archipels. Somit ist eine exakte Heimatbestimmung von Geschiebefunden nicht mehr möglich.

Siljan-Granit

Alter: 1,7 Milliarden Jahre (Paläoproterozoikum)
Herkunft: Dalarna (SE)
Häufigkeit: ●●●○○

Beschreibung: Siljan-Granit ist durch seine kräftigen Farben gekennzeichnet. Tiefrote Kalifeldspäte, gelbe Plagioklase, graue, teils idiomorphe Quarze und einige wenige schwarze Biotit-Nester sind deutlich voneinander getrennt. Das Gestein ist mittel- bis grobkörnig und relativ gleichkörnig. Die Plagioklas-Kristalle sind in der Regel etwas kleiner als die Kalifeldspäte. Quarz ist häufiger als Plagioklas.

Es gibt sehr ähnliche Granite in Småland. Auf einer frischen Bruchfläche zeigen die Quarze im Siljan-Granit einen muscheligen Bruch, sie sind nicht zuckerkörnig. Die Feldspäte weisen bei den Småland-Graniten Bruchlinien auf, die aus einer Deformation resultieren. Biotit ist gebogen und in kleinen Nestern angehäuft.

Garberg-Granit

Alter: 1,7 Milliarden Jahre (Paläoproterozoikum)
Herkunft: Dalarna (SE)
Häufigkeit: ●●●○○

Beschreibung: Der Garberg-Granit ist geologisch gesehen der „Bruder“ des Siljan-Granits (S. 78). Beide sind gleich alt und chemisch gleich zusammengesetzt, dennoch sehen sie unterschiedlich aus. Der Garberg-Granit fällt durch seine leuchtend dunkelroten Alkalifeldspäte auf, die bis zu 1 cm groß werden können, meistens aber kleiner sind. Das zweithäufigste Mineral ist weißer Plagioklas. Er bildet kleine Quadrate oder Rechtecke, die in der Masse der roten Alkalifeldspäte „schwimmen“. Charakteristisch ist auch ein weißer Plagioklas-Saum, welcher den roten Alkalifeldspat umgibt. Dunkle Minerale sind immer in kleinen Gruppen im Gestein verteilt. Bei genauem Hinsehen fallen kleine, runde Quarzkörnchen auf.

Hammer-Granit

Alter: 1,4 Milliarden Jahre (Mesoproterozoikum)
Herkunft: Bornholm (DK)
Häufigkeit: ●●●○○

Beschreibung: Ein heller bis rötlicher Granit mit feinkörnigem Gefüge und undeutlichen Mineralgrenzen. Der Quarz ist hellgrau, oft aber rötlich angelaufen. Dunkle Minerale sind nur in geringer Menge vorhanden, meist in Nestern angeordnet. Besonders typisch für Bornholm-Granite ist ein himbeerroter Hämatitüberzug, der sich fleckenhaft auf der frischen Gesteinsbruchfläche zeigt. Der ähnliche Vang-Granit enthält deutlich mehr dunkle Minerale.

Vang-Granit

Alter: 1,4 Milliarden Jahre (Mesoproterozoikum)
Herkunft: Bornholm (DK)
Häufigkeit: ●●●○○

Beschreibung: Besonders auffällig beim Vang-Granit sind die zahlreichen rundlichen Biotit-Aggregate. Durch sie erhält der Vang-Granit ein deutlich dunkleres Aussehen als der ebenfalls von Bornholm stammende Hammer-Granit. Fast allen Bornholm-Graniten sind die unscharfen Korngrenzen und ein flächenhaft über die Kristalle hinweg laufender himbeerroter Hämatitüberzug zu eigen. Diese Merkmale kann man jedoch nur auf einer frischen Bruchfläche erkennen.

Larvikit

Alter: 275 bis 295 Millionen Jahre (Perm)
Herkunft: Oslo-Region (NO)
Häufigkeit: ●●●●○

Beschreibung: Larvikit ist trotz des unterschiedlichen Aussehens eng verwandt mit dem Rhomben-Porphyr (S. 102). Wenn das Gestein feucht ist, fallen seine blau schillernden Feldspäte auf, die das Gestein unverwechselbar machen. Daneben kommt vor allem das dunkle Mineral Augit vor, aber auch Biotit und helle Kalifeldspäte sind vorhanden. Übrigens ist Larvikit (gelegentlich auch als Labradorit bezeichnet) als Fassadenstein und als Tresenplatte einer bekannten Schnellrestaurantkette sehr beliebt.

Larvikit ist häufig im Norden Dänemarks zu finden, wird aber auch an den Küsten des nördlichen Schleswig-Holsteins noch reichlich entdeckt. In Richtung des östlichen Schleswig-Holsteins und besonders in Mecklenburg-Vorpommern wird der Larvikit immer seltener. Auf Rügen fehlt er ganz.

Nordmarkit

Alter: 275 bis 295 Millionen Jahre (Perm)
Herkunft: Oslo-Region (NO)
Häufigkeit: ●●●○○

Beschreibung: Der Nordmarkit ist ein quarzführender Alkalisyenit. Dominierend sind die rechteckigen, teils langgestreckten Kalifeldspäte, die eine Größe von 1 cm erreichen können. Ihre Farbe variiert zwischen graugelb und braunrosa. Manchmal können die Alkalifeldspäte zoniert sein. Plagioklas kommt in wenigen, kleinen, gelblichen Kristallen vor. Biotit ist reichlich vertreten. Er ist in kleinen Paketen unregelmäßig im Gestein verteilt. Auch längliche Hornblende-Kristalle und gedrungene Augite kommen vor. Mit der Lupe kann man gelegentlich kleine braune Titanit-Kristalle entdecken. Nordmarkit ist recht variantenreich und kommt in einem großen Gebiet vor.

Es erfordert ein wenig Übung, Nordmarkite am Strand zu erkennen.

Kjelsåsit

Alter: 275 bis 295 Millionen Jahre (Perm)
Herkunft: Oslo-Region (NO)
Häufigkeit: ●●●○○

Beschreibung: Kjelsåsit ist eng mit dem Larvikit (S. 82) verwandt und wird in Übergangsformen manchmal mit diesem gleichgesetzt. Früher wurden die Gesteine aufgrund des Anorthit-Gehalts (Ca-Feldspat; über 30 Prozent = Kjelsåsit) voneinander unterschieden. Die Grundfarbe des Gesteins ist rosagrau. Die ternären Feldspäte (S. 34) sind rechteckig bis rhombenförmig und zeigen häufig perthitische Entmischung. In der Regel sind sie von hellem Feldspat ummantelt. Manchmal schillern sie im einfallenden Licht. Die dunklen Flecken führen Pyroxen, daneben Amphibol, Biotit, Magnetit und Apatit. Nephelin kommt nicht vor. Der Quarzanteil kann bis 10 Prozent betragen. Kjelsåsit besitzt ferrimagnetische Eigenschaften (mit Magnet testen)!

Tönsbergit

Alter: 275 bis 295 Millionen Jahre (Perm)
Herkunft: Oslo-Region (NO)
Häufigkeit: ●●●○○

Beschreibung: Tönsbergit ist eine Variante des Larvikits (S. 82). In einer braunroten bis ziegelroten Grundmasse liegen mehr oder weniger spitz-rhombenförmige, dunkelgraue bis blaugraue Feldspäte. Die Rotfärbung wird durch Hämatit verursacht. Gelegentlich kommen kleine graue Nephelinkörnchen vor. Die dunklen Minerale bestehen hauptsächlich aus Biotit, Augit und Hornblende, aber auch Erzkörnchen sind nicht selten. Manchmal wird der Tönsbergit auch als porphyrischer Larvikit bezeichnet, es gibt zudem zahlreiche Übergangstypen. Wie Kjelsåsit ist auch Tönsbergit magnetisch!

Schriftgranit

Alter: über 1 Milliarde Jahre (Meso-/Neoproterozoikum)
Herkunft: Norwegen, Schweden
Häufigkeit: ●●○○○

Beschreibung: Das pegmatitische Gestein ist hell, meist blassrosa. Die Quarze sind schriftzeichenartig mit den Feldspäten verwachsen. Man bezeichnet die Quarzkörner in diesem Fall auch als „Fische" oder „Würmer". Diese spezielle Art der Verwachsung weist darauf hin, dass beide Minerale fast gleichzeitig aus der gerade noch flüssigen Schmelze auskristallisiert sind, also kurz bevor sie erstarrt ist. Der dekorative Schriftgranit ist ein begehrtes Sammlungsobjekt.

Pegmatit

Alter: über 1 Milliarde Jahre (Meso-/Neoproterozoikum)
Herkunft: Norwegen, Schweden
Häufigkeit: ●●●○○

Beschreibung: Pegmatit hat dieselbe Zusammensetzung wie Granit: Feldspat, Quarz und Glimmer. Eine wasserreiche Restschmelze ist langsam erstarrt und so konnten sich in Klüften große Kristalle bilden. Das Gestein ist grob- bis riesenkörnig. In Findlingen sind mitunter Feldspat-Kristalle von mehreren Dezimetern Länge zu finden. Auch Quarz und Glimmer kommen in großen Aggregaten vor. In Pegmatiten kommen mitunter seltene Minerale vor, auch kristallausgekleidete Drusen sind bekannt. Pegmatite sind somit für den Geschiebe-Mineraliensammler sehr interessant.

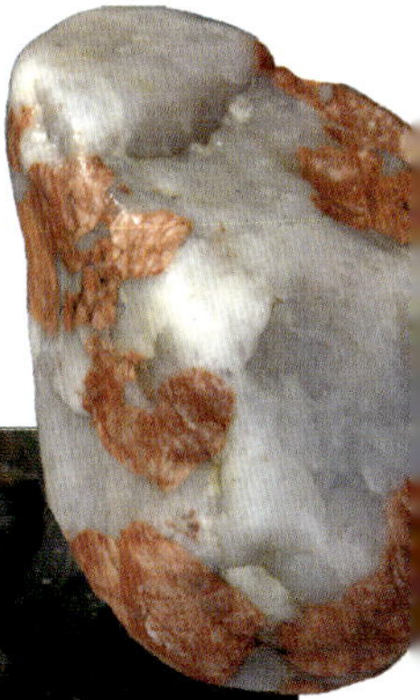

Diorit

Alter: meist über 1 Milliarde Jahre (Meso-/Neoproterozoikum)
Herkunft: Schweden
Häufigkeit: ●●●●○

Beschreibung: Diorit ist ein granitähnliches, schwarzweiß geflecktes Gestein. Es überwiegen helle, fast weiße Plagioklase. An dunklen Mineralen kommen hauptsächlich dunkelgrüne bis schwarze Hornblende und wenig Biotit vor. Quarz ist in der Regel wenig oder gar nicht vorhanden, denn das Magma, aus dem dieses Gestein entstanden ist, war arm an Kieselsäure (basisch). Das Gestein ist gleichkörnig und mittel- bis feinkörnig. Aufgrund von Farbe und Gefüge wird Diorit häufig mit „Pfeffer und Salz“ verglichen.

Gabbro

Alter: meist über 1 Milliarde Jahre (Meso-/Neoproterozoikum)
Herkunft: Schweden, Finnland
Häufigkeit: ●●●●○

Beschreibung: Gabbro ist dem Diorit (S. 88) sehr ähnlich, oftmals sind die beiden Gesteine nur mikroskopisch oder durch chemische Analysen im Labor voneinander zu unterscheiden. In der Regel besitzt Gabbro aber mehr dunkle Minerale, vor allem Augit, der dem Diorit meist fehlt. Der Plagioklas ist dunkler als beim Diorit, das Gestein ist meist feinkörniger (es kommt jedoch auch grobkörniger Gabbro vor). Die Grundfarbe des Gesteins ist dunkelgrün bis schwarz. Die Anwesenheit von olivgrünem Olivin weist ebenfalls auf Gabbro hin.

Åland-Quarzporphyr

Alter: 1,6 Milliarden Jahre (Mesoproterozoikum)
Herkunft: Ålandinseln (FI)
Häufigkeit: ●●●●○

Beschreibung: Åland-Quarzporphyr ist an seinen bis zu 1 cm großen, dunkelgrauen, rundlichen Quarzen gut zu erkennen. Durch die Abrollung in der Brandung wird die Oberfläche der Quarze milchig-trüb, vergleichbar mit einer zersplitterten Autoscheibe. Die Grundmasse ist rötlich. Bis mehrere Zentimeter große Einsprenglinge von Kalifeldspat sind vorhanden. Sie sind rötlich und meist kantig, manchmal aber auch gerundet. Plagioklas ist nicht vorhanden. Åland-Quarzporphyr ist an allen Stränden zu finden. In der Brandungszone fallen nasse Gerölle durch ihre intensive Farbgebung besonders auf.

Ringquarz-Porphyr

Alter: 1,6 Milliarden Jahre (Mesoproterozoikum)
Herkunft: Åland (FI)
Häufigkeit: ●●●○○

Beschreibung: Der Name „Ringquarz-Porphyr" geht auf Smed 1989 zurück. Er ist leicht erkennbar und häufig. Auffallend sind die großen, grauen Quarze, die meist korrodiert sind. Die Oberfläche der Quarze ist löchrig. Meist sind die Quarze von Feldspatadern durchzogen (Bild rechts). Alle Quarze haben zudem einen Ring aus schwarzer Hornblende. Die Grundmasse ist granitisch, besteht aus hell- und ziegelrotem Feldspat und kleinen eingewachsenen Quarzen. Genau betrachtet ist der „Ringquarz-Porphyr" eher ein porphyrischer Rapakivi-Granit vom Rand eines Plutons, stellt eine Übergangsform zwischen Granit und Porphyr dar. Trotzdem ist der Name sehr treffend gewählt und gerade für den Laien einprägsam.

Roter Ostsee-Quarzporphyr

Alter: 1,6 Milliarden Jahre (Mesoproterozoikum)
Herkunft: Ostseegrund südöstlich von Åland (FI)
Häufigkeit: ●●●○○

Beschreibung: Der häufige Rote Ostsee-Quarzporphyr ist leuchtend- bis ziegelrot, seltener braunrot. In der dichten Grundmasse liegen zahlreiche, kleine, graubraune Quarzkörnchen. Rötliche Kalifeldspat-Einsprenglinge von 1 bis 5 mm Größe sind vorhanden, Plagioklase nicht. Die Feldspäte haben fast dieselbe Farbe wie die Grundmasse und können am besten auf einer frischen Bruchfläche an ihren spiegelnden Kristallbruchflächen erkannt werden. Kleine schwarze Augit-Körnchen sind vorhanden. Häufig kommen bis 1 cm große Xenolithe eines dunklen, gelb bis grün umrandeten Basalts vor. Der ähnliche Bredvad-Porphyr (S. 96) enthält keinen Quarz.

Brauner Ostsee-Quarzporphyr

Alter: 1,6 Milliarden Jahre (Mesoproterozoikum)
Herkunft: Ostseegrund südwestlich von Åland (FI)
Häufigkeit: ●●●●○

Beschreibung: Der Braune Ostsee-Quarzporphyr ist sehr einsprenglingsreich. Die dichte Grundmasse ist graubraun, braun oder manchmal auch rotbraun. Als Einsprenglinge kommen neben grauen Quarzen auch blassrote Kalifeldspäte und grünlichweiße Plagioklase vor. Während die Quarze meist unter 2 mm bleiben, können die Feldspäte bis 5 mm groß werden. Sehr viele kleine Augite sind vorhanden, die aber leicht verwittern und zahlreiche Löcher auf der Gesteinsoberfläche hinterlassen. Wie bei dem Roten Ostsee-Quarzporphyr (S. 92) kommen auch in der braunen Variante Xenolithe von dunklem Basalt vor.

Ostsee-Syenit-Porphyr

Alter: 1,6 Milliarden Jahre (Mesoproterozoikum)
Herkunft: Bottensee
Häufigkeit: ●○○○○

Beschreibung: Der Ostsee-Syenit-Porphyr besitzt eine grüngraue bis grünbraune, oftmals fleckige Grundmasse, in der viele kleine, splittrige bis vieleckige, rote Feldspat-Kristalle eingeschlossen sind. Daneben finden sich einzelne winzige, weißgelbe Plagioklase. Quarzkörnchen fehlen. Charaktersitisch sind rotbraune bis dunkelgraue Xenolithe, die sich häufig nur undeutlich von der Matrix abheben. In einigen Gesteinen findet man blaugraue Mandeln, die von schwarzen Mineralen gesäumt sein können.

Grönklitt-Porphyrit

Alter: 1,7 Milliarden Jahre (Paläoproterozoikum)
Herkunft: Dalarna (SE)
Häufigkeit: ●●●●○

Beschreibung: Der Grönklitt-Porphyrit ist in Dalarna weit verbreitet und dementsprechend häufig als Geschiebe zu finden. Die Matrix ist dicht, rotbraun bis dunkelviolett. Das Farbspektrum ist hier breit. Grönklitt-Porphyrit führt sehr viele, von unter 1 bis 5 mm lange, meist grünliche oder gelbliche Plagioklas-Einsprenglinge. Viele dieser Einsprenglinge haben eine leistenförmige Gestalt. Quarz ist makroskopisch nicht erkennbar. Blassrote Kalifeldpäte kommen vor, sind aber nicht häufig. Flecken dunkler Minerale (Augit und Hornblende, Chlorit) sind über das Gestein verstreut. In der Literatur liest man auch den Namen „Roter Porphyrit“.

Grönklitt-Porphyrit tritt auch in sehr dunklen Varianten auf. Die Grundmasse ist dann violettbraun und führt zahlreiche, grünliche, leistenförmige Plagioklas-Einsprenglinge.

Bredvad-Porphyr

Alter: 1,7 Milliarden Jahre (Paläoproterozoikum)
Herkunft: Dalarna (SE)
Häufigkeit: ●●●○○

Beschreibung: Bredvad-Porphyr ist als Geschiebe überall zu finden. Die Grundmasse ist sehr dicht, ziegel- bis braunrot. Verwitterte Gesteine sind heller. In der Grundmasse eingebettet liegen kleine Feldspat-Einsprenglinge, sowohl von grünlichem Plagioklas als auch von rötlichem Kalifeldspat. Oftmals verwittern diese Feldspäte und hinterlassen charakteristische Löcher auf der Oberfläche des Gesteins. Ein sicheres Unterscheidungsmerkmal zu den Ostsee-Quarzporphyren (S. 92) ist das Fehlen von Quarz. Bredvad-Porphyr ist der häufigste der Dala-Porphyre. Sein Verbreitungsgebiet in Schweden erstreckt sich über mehr als 1.000 km².

Einsprenglingsreicher Dala-Porphyr

Alter: 1,7 Milliarden Jahre (Paläoproterozoikum)
Herkunft: Dalarna (SE)
Häufigkeit: ●●●○○

Beschreibung: Dala-Porphyre enthalten in der Regel keinen Quarz. Es kommen viele rötliche Kalifeldspäte und kleinere gelbliche bis grünliche Plagioklase vor. Mitunter sind so viele Einsprenglinge vorhanden, dass die meist rötliche Grundmasse völlig in den Hintergrund tritt. Man kann rund ein Dutzend verschiedener einsprenglingsreicher Dala-Porphyre unterscheiden.

Manchmal zeigen Dala-Porphyre ein eutaxitisches Gefüge (S. 52), dabei sind dünne Bimsstein-Fladen, sogenannte Fiamme, mehr oder weniger parallel zueinander angeordnet. Diese schlierige Struktur ist typisch für Ignimbrite (S. 107).

Grauer Venjan-Porphyrit

Alter: 1,8 Milliarden Jahre (Paläoproterozoikum)
Herkunft: Dalarna (SE)
Häufigkeit: ●●●○○

Beschreibung: Venjan-Porphyrit erinnert auf den ersten Blick an einen feinkörnigen Granit oder sogar an Beton. In einer grauen Grundmasse, die verwittert rosa anläuft, liegen regellos verteilt sehr viele, maximal 7 mm große Einsprenglinge. Ihre Menge macht mindestens die Hälfte des Gesteins aus. Es kommen gelbweiße und grüne Plagioklase vor, wenige rosafarbene Kalifeldspäte, nadelförmige Hornblende-Säulchen und kleine Biotit-Schüppchen vor. Mit einer Lupe kann man manchmal kleine Quarzkörnchen entdecken. Venjan-Porphyr kommt auch in einer roten Variante vor.

Roter Särna-Porphyrit

Alter: 1,7 Milliarden Jahre (Paläoproterozoikum)
Herkunft: Dalarna (SE)
Häufigkeit: ●●●○○

Beschreibung: Der Särna-Porphyr fällt durch seine typische dunkelrote Farbe der Grundmasse auf. Darin liegen zahlreiche weiße bis grünliche Feldspäte von 1 bis 10 mm Größe. Häufig sind einige der größeren grünlichen Feldspat-Einsprenglinge zoniert, das heißt der Kern der Kristalle hat eine etwas dunklere Farbe als der Rand. Ein weiteres wichtiges Kennzeichen ist das Vorhandensein von zahlreichen, bis zu 5 mm großen Quarz-Einsprenglingen, die den meisten anderen Dala-Porphyren fehlen. Vereinzelt findet man Nester dunkler Minerale.

Påskallavik-Porphyr

Alter: 1,8 Milliarden Jahre (Paläoproterozoikum)
Herkunft: Småland (SE)
Häufigkeit: ●●●●○

Beschreibung: Der Påskallavik-Porphyr führt sehr viele, bis 2 cm große rosafarbene Feldspat-Einsprenglinge und bis 5 mm große, runde, graublaue Quarze. Die Feldspäte sind meist rechteckig mit abgerundeten Ecken. Sie werden häufig mit einer Fernsehbildröhre verglichen. Die Feldspäte sind in der Regel zoniert, d. h. um einen dunklen Kern verläuft ein heller Rand. Die Matrix ist feinkörnig, graubraun bis braunviolett. Die Småland-Porphyre sind tektonisch beansprucht worden. Durch den Gebirgsdruck sind die Feldspäte zerbrochen. Die Bruchlinien verlaufen parallel zueinander.

Påskallavik-Porphyr ist durch seine Ähnlichkeit mit einer Blutwurst leicht erkennbar, besonders im feuchten Zustand.

Emarp-Porphyr

Alter: 1,8 Milliarden Jahre (Paläoproterozoikum)
Herkunft: Småland (SE)
Häufigkeit: ●●●○○

Beschreibung: Der Emarp-Porphyr ist dem Påskallavik-Porphyr (S. 100) recht ähnlich. Die Grundmasse ist jedoch rötlicher, rosabraun oder graurosa und verwittert ziemlich hell. Typisch sind auch einige kleine, grünliche Plagioklas-Einsprenglinge. Die Feldspäte sind meist etwas kleiner, ihre Zonierung ist in der Regel nicht so stark ausgeprägt.

Rhomben-Porphyr

Alter: 275 bis 295 Millionen Jahre (Perm)
Herkunft: Oslo-Region (NO)
Häufigkeit: ●●●●○

Beschreibung: Rhomben-Porphyr gehört zu den sehr leicht zu bestimmenden Geschieben. Die charakteristischen, rhombenförmigen Feldspat-Einsprenglinge, die gelegentlich zu Zwillingsbildung neigen, schwimmen in einer rötlichbraunen bis grauvioletten Matrix. Rhomben-Porphyr kommt in der Oslo-Region in zwei eng begrenzten Gebieten vor. Hier sind zahlreiche Lava-Decken ausgebildet, dazwischen eingeschaltet sind einige Basalt-, Tuff und Trachyt-Lagen. Jede der 40 Rhomben-Porphyr-Lagen zeigt spezifische Kennzeichen. Ihre Mächtigkeit schwankt zwischen 10 und 200 m, die Gesamtausdehnung beträgt etwa 1150 km².

Rektangel-Porphyr

Alter: 275 bis 295 Millionen Jahre (Perm)
Herkunft: Oslo-Region (NO)
Häufigkeit: ●●○○○

Beschreibung: Der Rektangel- oder Rechteck-Porphyr gehört zu den Varianten des Rhomben-Porphyrs. Kennzeichnend sind die eher rechteckigen Feldspat-Einsprenglinge, die wie bei dem Haupttyp eingeregelt sein können. Meist ist die Matrix dunkler, kann aber durch Verwitterung auch rötlich werden. Im Entstehungsgebiet ist nur eine einzige Lavadecke mit rechteckigen Feldspäten bekannt.

Alle Arten der Rhomben-Porphyre sind in Dänemark und im nördlichen Schleswig-Holstein häufig, werden nach Süden und Osten hin seltener, die Geschiebe kleiner. Sie fehlen auf Rügen vollständig.

Bordvika-Ignimbrit

Alter: 275 bis 295 Millionen Jahre (Perm)
Herkunft: Oslo-Region (NO)
Häufigkeit: ●●●○○

Beschreibung: Der Bordvika-Ignimbrit, auch als Drammen-Ignimbrit oder rhyolitischer Quarzporphyr bezeichnet, ist leicht kenntlich. Er enthält größere braune bis schwarze Basalt-Trümmer, viele kleine graue Quarze und sehr viele hellbraune bis rosarote Feldspäte. In der graubraunen bis schwarzen Grundmasse sind manchmal braune Bimssteinstreifen, -schlieren und -„flatschen" zu sehen. Gelegentlich liegen kleine Porphyr-Trümmerstücke in der Matrix.

Violetter Oslo-Ignimbrit

Alter: 275 bis 295 Millionen Jahre (Perm)
Herkunft: Oslo-Region (NO)
Häufigkeit: ●●○○○

Beschreibung: Die meisten Ignimbrite enthalten Einsprenglinge, d. h. Kristalle, die in der Magmakammer während der Abkühlung auf dem Weg an die Oberfläche gebildet und bei der Eruption mit ausgeworfen wurden. Der Violette Oslo-Ignimbrit enthält keine Einsprenglinge im eigentlichen Sinn, sondern vielmehr Gesteinstrümmer, die bei der Eruption mitgerissen wurden, zu erkennen an der unregelmäßigen Form. Man erkennt vorwiegend dunkle Basalte und rote bis violette Porphyre, häufig von einem hellen Reaktionssaum umgeben. Zudem sind graubraune Bimsstein-Schlieren enthalten. Die Grundmasse ist violettgrau.

Relativ häufig im nördlichen Jütland, selten in Schleswig-Holstein, nahezu unbekannt in Mecklenburg-Vorpommern.

Ostsee-Melaphyr

Alter: 1,6 Milliarden Jahre (Mesoproterozoikum)
Herkunft: Ostseegrund, evtl. auch Oslo-Region (NO)
Häufigkeit: ●●●○○

Beschreibung: Melaphyr ist ein Gasblasen-reicher Basalt. Die Grundmasse ist rötlichviolett bis bräunlich. Nach dem Erstarren der Lava blieben zahlreiche Hohlräume im Gestein zurück. Durch zirkulierende Lösungen füllten sich die Blasen später mit verschiedenen Mineralen („Mandeln").

Beim Ostsee-Melaphyr sind dies meist Calcit (weiß) oder Chlorophäit (grün), seltener auch reiner Quarz (weiß). Die Melaphyre der Oslo-Region (Alter: 275 bis 295 Millionen Jahre) führen in der Regel rhombenförmige Feldspat-Einsprenglinge, man spricht dann von Rhomben-Porphyr-Mandelsteinen.

Einige Melaphyre enthalten bis 1 cm große, eindrucksvolle Achat-Mandeln.

Ignimbrit

Alter: 275 Millionen is 1,7 Milliarden Jahre (Paläoproterozoikum bis Perm)
Herkunft: Oslo-Region (NO), Dalarna, Småland (SE)
Häufigkeit: ●●●○○

Beschreibung: Ignimbrite sind Gesteine, die sich aus vulkanischen Glut- bzw. Aschelawinen gebildet haben. Die Grundmasse des Gesteins ist schwarz bis violett, sehr hart, zäh, splittrig, beinahe flintartig. Zahlreiche kleine Feldspat-Einsprenglinge sind vorhanden, sowohl Plagioklase als auch Kalifeldspäte. Typisch sind helle bis rotbraune Bimsstein-Schlieren, die flammenartig aussehen. Diese Streifen sind in der Regel nur wenige Zentimeter lang. Auch hauchdünne Fäden von Quarz können, am besten auf einer frischen Bruchfläche, begutachtet werden. Sie können parallel oder quer zu den Bims-steinstreifen angeordnet sein. Dala- und Småland-Ignimbrite sind 1,65 Milliarden Jahre alt, Oslo-Ignimbrite nur 275 Millionen Jahre. Dala-Ignimbrite enthalten keine Quarz-Einsprenglinge. Ignimbrite sind einander sehr ähnlich, können häufig nur von einem Fachmann genau bestimmt werden.

Hornblende-Gabbro

Alter: 1,8 Milliarden Jahre (Paläoproterozoikum)
Herkunft: Småland, Uppland (SE), Finnland
Häufigkeit: ●●●○○

Beschreibung: Der Hornblende-Gabbro, oder ganz korrekt Amphibol-fibroblastischer Meta-Gabbro, wurde früher als Uralit-Porphyrit bezeichnet. Das Gestein ist relativ schwer, blaugrau und verwittert grünlich. In einer feinkörnigen Grundmasse liegen dicht an dicht dunkle Augit-Einsprenglinge, die durch Metamorphose unter Wasseraufnahme zu Uralit (einer faserig ausgebildeten, grünlichen Hornblende) umgewandelt wurden. Oft zeigt das Gestein einen seidigen Glanz. Die Grundmasse kann ein ophitisches Gefüge (S. 52) zeigen.

Vorkommen des Hornblende-Gabbros kennt man in Småland, Uppland und Finnland.

Öje-Diabas-Porphyrit

Alter: 1,2 Milliarden Jahre (Mesoproterozoikum)
Herkunft: Dalarna (SE)
Häufigkeit: ●●●○○

Beschreibung: In Skandinavien kommen an mehreren Stellen einschlussreiche Diabase vor. Meistens sind die Diabas-Porphyrite Ganggesteine, die sich leicht mit Nebengesteinsbruchstücken anreichern konnten. An Geröllen oder Einsprenglingen kommen Plagioklas, Quarz, Epidot, Chlorit, Quarzit, Achat-Mandeln und sogar Gneis und Granit vor. Die Grundmasse ist feinkörnig und nur selten dicht. In ihr liegen regellos verteilte Plagioklas-Leisten, die teils so klein sind, dass sie nur unter der Lupe erkennbar sind.

Die grünlichweißen Plagioklas-Einschlüsse des Öje-Diabas-Porphyrits wirken durch parallel eingelagerten Epidot und Chlorit gestreift.

Björbo-Diabas vom Typ „Alsarp“

Alter: [unbekannt]
Herkunft: Småland, Dalarna (SE)
Häufigkeit: ●●○○○

Beschreibung: Einschlußführende Diabase vom Typ „Björbo“ sind als Geschiebe sehr selten. Man kennt das Gestein von wenige Meter breiten Gängen aus dem südlichen Dalarna. Diese Gänge führen nur in einer schmalen Zone Feldspäte und Quarze, die als Reste teilweise aufgeschmolzener Gneise gedeutet werden, die das Diabas-Magma auf seinem Weg nach oben mitgerissen hat. Die Einschlüsse sind immer gerundet. Man erkennt um die Einschlüsse einen Reaktionssaum, sie wirken dadurch zoniert. Die Grundmasse ist grünschwarz und feinkörnig.

Bei dem noch selteneren **Alsarp-Diabas** aus Ost-Småland erkennt man unter der Lupe ein deutliches ophitisches Gefüge (S. 52). Der **Brevik-Diabas** aus Småland führt gerundete, farblose bis rötliche Quarzit-Gerölle.

Åsby-Diabas

Alter: 1,2 Milliarden Jahre (Mesoproterozoikum)
Herkunft: Mittelschweden bis Finnland
Häufigkeit: ●●●○○

Beschreibung: Åsby-Diabas besitzt ein dichtes Netz von ophitisch angeordneten Plagioklas-Tafeln, die eine Länge von mehr als 1 cm erreichen und gitterartig oder y-förmig miteinander verwachsen sind. Das Gestein bekommt dadurch ein fast dioritisches Aussehen. Die Grundmasse ist dunkelgrün bis grauschwarz und feinkörnig.

Eingebettet sind häufig gelbliche Olivin-Körnchen, Pyrit und Eisenminerale. Die weißen Plagioklase sind widerstandsfähiger als die anderen Gesteinsbestandteile. Bei verwitterten Blöcken sitzen die Plagioklas-Leisten erhaben auf der Oberfläche des Gesteins.

Åsby-Diabas ist kein Leitgeschiebe, da sein Herkunftsgebiet zu groß ist.

Schonen-Basalt

Alter: 180 Millionen Jahre (Jura)
Herkunft: Schonen und andere Gebiete in Schweden
Häufigkeit: ●●●●○

Beschreibung: Basalt ist ein dunkles, basisches, vulkanisches Ergussgestein. Die Geschiebe sind meist kantig. Das Gestein ist sehr schwer, feinkörnig bis dicht. Kennzeichnend für den Schonen-Basalt sind kleine, gelb bis grün glänzende Olivin-Kristalle, die aber leicht verwittern können und dann kleine Löcher auf der Gesteinsoberfläche hinterlassen. Auch Rostflecken, die auf verwitterten Olivin zurückzuführen sind, sind charakteristisch. Basalt kommt in vielen Gebieten Skandinaviens vor, eine Heimatbestimmung ist häufig nicht möglich. Große Findlinge stammen in der Regel nicht aus Schonen, da hier der Basalt in Säulen erstarrt ist, die höchstens 30 cm Durchmesser haben und somit die maximale Größe der Geschiebe begrenzen. Blöcke, die frisch aus der Steilwand kommen oder in Kiesgruben gefunden werden, zeigen häufig eine beigebraune Verwitterungskruste.

Ankaramit

Alter: ca. 300 Millionen Jahre (Karbon bis Perm).
Herkunft: Schonen (SE)
Häufigkeit: ●●●○○

Beschreibung: Ankaramit ist ein Pyroxen-Olivin-Basalt. Der Anteil an Einsprenglingen ist dabei recht hoch. Der ursprünglich blassgrüne Olivin verwittert zu rostbraunen Körnchen, die man auf der Oberfläche des Gesteins deutlich erkennt. Auffallend sind die dunklen Aggregate von Pyroxen, hier als Augit vorliegend. Prozentual gesehen ist der Anteil an Augit deutlich höher als der von Olivin.

Das Gestein stammt wahrscheinlich aus Gängen im Jungpaläozoikum von Schonen.

Nordwest-Dolerit

Alter: 300 Millionen Jahre (Perm)
Herkunft: Nordwest-Schonen (SE)
Häufigkeit: ●●●○○

Beschreibung: Dolerite sind basaltische Gesteine, die Kristalle gebildet haben. Im schwedischen Sprachgebrauch werden sie als Diabas bezeichnet. Der Nordwest-Dolerit kommt in Gängen im südwestlichen Schonen vor. Er besitzt eine deutlich körnige, dunkelgraue bis schwarze Grundmasse, in der kleine nadel- bis stabförmige Plagioklas-Leisten eingebettet sind. Normalerweise sind diese Kristalle nicht eingeregelt, sondern wahllos im Gestein verstreut.

Die ähnlichen Oslo-Basalte sind sehr viel feinkörniger.

Der Name erklärt sich übrigens aus der nordwestlichen Ausrichtung der Diabas-Gänge im Anstehenden.

Bottensee-Porphyr

Alter: 1,6 Milliarden Jahre (Mesoproterozoikum)
Herkunft: Bottensee
Häufigkeit: ●●○○○

Beschreibung: Manche Bottensee-Porphyre sind reich an Einsprenglingen, die meist unter 5 mm bleiben. Es überwiegen blassrote und gelbbraune Feldspäte und graue Quarze. Die Grundmasse ist feinkörnig und braungrau. Der ähnliche Braune Ostsee-Quarzporphyr (S. 93) ist meist plattig, die Quarze sind kleiner und die Grundmasse ist braun bis braunrot. Zudem fehlen ihm die zweifarbigen Feldspäte.

Obwohl der Name anderes vermuten lässt, können einige Typen der Bottensee-Porphyre auch vom Ostseegrund südlich der Ålandinseln stammen.

Kinne-Diabas

Alter: 250 Millionen Jahre (Perm)
Herkunft: Kinnekulle und Billingen, Västergötland (SE)
Häufigkeit: ●●●●●

Beschreibung: Der Kinne-Diabas gehört zu den Geschieben, die auch der Anfänger schnell und sicher erkennen kann. Die gefleckte Oberfläche entsteht durch Verwitterung. Leicht erhaben sind blaugraue, bis 1 cm große, seidig glänzende Augit-Nester, durchsetzt von winzigen Plagioklas-Stäbchen. Dazwischen liegen mit bloßem Auge kaum erkennbare Olivin-Körnchen, die teilweise zu grünlichem Serpentin oder rötlichem Rost umgewandelt sind. Weil Olivin schneller verwittert als Augit, entsteht die genarbte Oberfläche des Gesteins. Auffallend ist die schalige Verwitterung mancher Geschiebe.

Der Kinne-Diabas bedeckt die paläozoischen Schichten der Tafelberge in Västergötland und hat diese so vor der Abtragung durch die eiszeitlichen Gletscher bewahrt.

Oslo-Basalt

Alter: 295 bis 300 Millionen Jahre (Perm)
Herkunft: Oslo-Region und andere Gebiete in Norwegen
Häufigkeit: ●●○○○

Beschreibung: Oslo-Basalt ist schwer und grünlichgrau bis schwarz gefärbt. Die Grundmasse ist sehr feinkörnig bis dicht. Kennzeichnend sind viele helle Plagioklas-Stäbchen, die dem Gestein ein ophitisches Gefüge verleihen. Ihre Länge schwankt zwischen wenigen Millimetern und vielleicht 2 cm, selten mehr. Sie sind meist richtungslos verteilt, können aber auch sternfömig angeordnet sein. Dunkle Augit-Kristalle mit einem Durchmesser von 5 bis 10 mm können vorkommen. Verwitterte Oberflächen nehmen eine bräunliche Farbe an.

Oslo-Basalte sind in Jütland verbreitet, ihre Häufigkeit nimmt nach Südosten deutlich ab (S. 102).

Särna-Tinguait

Alter: 285 Millionen Jahre (Perm)
Herkunft: Dalarna (SE)
Häufigkeit: ●●○○○

Beschreibung: Kennzeichnend für den Särna-Tinguait sind die schwarzen, glänzenden Ägirin-Nadeln, die in einer graugrünen Grundmasse liegen. Daneben kommen blassgelbe Feldspäte, graue Nephelin-Kristalle und zumeist winzige rötliche Cancrinit-Körnchen vor (Lupe!). Kleine schwarze Punkte sind Biotit-Aggregate. Verwitterte Geschiebe (besonders Funde in Kiesgruben) besitzen eine gelbe Verwitterungsrinde, in der die schwarzen Nadeln sehr auffällig sind.

In der „alten“ Geschiebeliteratur taucht auch der Name Cancrinit-Aegirin-Syenit auf.

Grorudit

Alter: 295 Millionen Jahre (Perm)
Herkunft: Oslo-Region (NO)
Häufigkeit: ●●●○○

Beschreibung: In einer grüngrauen Grundmasse liegen einige gelbliche, vieleckige Feldspäte. Wie beim Särna-Tinguait (S. 118), kommen auch im Grorudit Ägirin-Nadeln vor, die aber in der Regel seltener und sehr viel kleiner sind. Biotit, Cancrinit und Nephelin fehlen, dafür kommt Quarz in der Grundmasse vor. Der hohe Quarzgehalt ist auch dafür verantwortlich, dass Grorudit nicht so schnell verwittert und demnach keine gelbliche Verwitterungsrinde besitzt.
Grorudit ist häufig an einigen Küstenabschnitten in West- und Nordjütland, selten in Schleswig-Holstein, und aus Mecklenburg-Vorpommern kaum bekannt.

Gneis

Alter: meist über 1 Milliarde Jahre (Meso-/Neoproterozoikum)
Herkunft: Skandinavien
Häufigkeit:

Beschreibung: Metamorphe Gesteine sind Umwandlungsgesteine. Durch Metamorphose, d. h. durch Gebirgsdruck und Hitze kann aus dem Granit ein Gneis entstehen. Der Granit wird dabei durch geologische Kräfte mehrere Kilometer tief in die Erde versenkt. Die richtungslos angeordneten Minerale des Granits scheinen zerquetscht, ausgewalzt, flachgedrückt. Das Mineralgefüge ändert sich und der Gneis bekommt somit seine typische Streifung. Wie der Granit besteht also auch der Gneis in der Regel aus Feldspat, Quarz und Glimmer. Es kann durch die Metamorphose aber auch zu Mineral-Um- und Neubildungen kommen. Je höher der Metamorphosegrad ist, desto stärker ist die Mineralumwandlung.
Man kann Gneise in Ader-, Bänder-, Schlieren- und Augen-Gneise unterteilen, wobei diese alle Übergänge zueinander zeigen können.

Schlieren-Gneis

Alter: meist über 1 Milliarde Jahre (Meso-/Neoproterozoikum)
Herkunft: Skandinavien
Häufigkeit: ●●●●○

Beschreibung: Der Schlieren-Gneis zeigt keine echte Bänderung. Die dunklen Biotit-Schlieren sind kurz, sie laufen nicht durch den gedamten Stein. Der hohe Druck bei der Metamorphose führt zur Umbildung von Mineralkörnern, deren Ausrichtung von der Richtung des Drucks abhängig ist.

Aus einst kompakten Kristallen werden durch Wanderung der Atome in Richtung des geringsten Drucks dünne Leisten oder Plättchen.

Bänder-Gneis

Alter: meist über 1 Milliarde Jahre (Meso-/Neoproterozoikum)
Herkunft: Skandinavien
Häufigkeit: ●●●○○

Beschreibung: Während der Metamorphose kann ein Gneis soweit umgewandelt werden, dass regelrechte Bänder aus Feldspat, Quarz und Glimmer entstehen. Meist sind diese Bänder relativ dünn (unter 1 cm).

Augen-Gneis

Alter: meist über 1 Milliarde Jahre (Meso-/Neoproterozoikum)
Herkunft: Skandinavien
Häufigkeit: ●●●○○

Beschreibung: Der Augen-Gneis ist leicht zu erkennen und besonders attraktiv. Auffallend sind die bis zu mehrere Zentimeter große „Augen“. Meist sind es Feldspat-Kristalle, die sich während der Metamorphose gebildet haben und scheinbar in den dunklen Biotit-Bändern „schwimmen“. Aber auch Quarz kann bis auf Augengröße heranwachsen.

Ader-Gneis

Alter: meist über 1 Milliarde Jahre (Meso-/Neoproterozoikum)
Herkunft: Skandinavien
Häufigkeit: ●●●○○

Beschreibung: Der Gneis enthält bis zu mehrere Zentimeter breite, helle Adern, die aus Quarz und/oder Feldspat bestehen. Die Mineralkörner innerhalb der Adern sind richtungslos angeordnet. In den dunklen, glimmerreichen Partien des Gneises hingegen ist die typische Streifung gut ausgebildet. Die Erklärung hierfür ist einfach: Das helle Gestein ist während der Metamorphose flüssig gewesen und erneut kristallisiert, die dunklen Gesteinspartien waren nicht geschmolzen. Die Adern bestehen aus Granit. Der Adergneis ist aufgrund seiner Entstehung ein Migmatit (S. 125).

Migmatit

Alter: meist über 1 Milliarde Jahre (Meso-/Neoproterozoikum)
Herkunft: Skandinavien
Häufigkeit: ●●●○○

Beschreibung: Der Migmatit steht zwischen den Metamorphiten und den Magmatiten. Das Ausgangsgestein wurde während der Metamorphose teilweise aufgeschmolzen. Auf dem Bild gut zu erkennen sind dunkle, zerrissene Gesteinspartien. Flüssige Gesteinsschmelze drang in die Risse ein und kristallisierte hier als Granit aus. Das nahezu unveränderte Ausgangsgestein wird als Paleosom bezeichnet, das neu entstandene Gestein als Neosom. Helle und quarzreiche Lagen heißen Leukosom.

Västervik-Fleckengestein

Alter: 1,85 bis 1,95 Milliarden Jahre (Paläoproterozoikum)
Herkunft: Småland (SE)
Häufigkeit: ●●○○○

Beschreibung: Die Grundmasse des Västerviok-Fleckengesteins ist rötlichgrau bis violett, sehr feinkörnig, quarz- und glimmerreich. Charakteristisch sind dunkle Flecken, die mehrere Zentimeter Durchmesser erreichen können und aus Biotit sowie makroskopisch nicht bestimmbarem, bläulichen Cordierit bestehen. Umgeben sind diese Flecken von einem Kranz aus rosarotem bis ziegelrotem Feldspat, etwas Quarz und hellem Glimmer.

Das Västervik-Fleckengestein ist aus sandigen Ablagerungen hervorgegangen, die durch Druck und hohe Temperaturen umgebildet wurden.

Fleckenquarzit

Alter: 1,8 bis 2,0 Milliarden Jahre (Paläoproterozoikum)
Herkunft: Småland (SE)
Häufigkeit: ●●●○○

Beschreibung: Fleckenquarzite sind als Geschiebe selten, aber im feuchten Zustand doch leicht zu erkennen. Die quarz- und biotitreiche Grundmasse ist feinkörnig, grauschwarz und dunkelrot schattiert. Die weißen Flecken bestehen aus Quarz, bei verwitterten Gesteinen stehen sie knotenartig hervor. Die Quarze sind von schwarzem Biotit umsäumt. Es gibt auch Geschiebe, bei denen die weißen Flecken in die Länge gezogen sind und als Streifen im Gestein erscheinen.

Der Fleckenquarzit ist aus einem sedimentären Gestein entstanden. Das Gestein wurde früher als Stockholm-Fleckenquarzit bezeichnet. In der Region um Stockholm sind jedoch keine Vorkommen eines solchen Gesteins bekannt, vielmehr findet sich Fleckenquarzit häufig im nördlichen Småland.

Hälleflint

Alter: 1,8 Milliarden Jahre (Paläoproterozoikum)
Herkunft: Småland (SE)
Häufigkeit: ●●●●○

Beschreibung: Hälleflint oder schwedisch „Hälleflinta“ ist ein metamorpher Porphyr. Er ist sehr hart, zäh, splittrig und hat einen muscheligen Bruch. Häufig bilden die Seiten- und Oberfläche einen stumpfen Winkel, der aus dem Metamorphose-/Deformationsdruck resultiert. Der Anteil an Einsprenglingen ist gering, kleine Feldspäte und Quarze kommen vor. Es gibt zudem sogenannte „streifige“ Hälleflinta, deren Ausgangsgestein sedimentären Ursprungs ist.

In der Literatur sind über 25 verschiedene Hälleflint-Arten allein aus Småland beschrieben worden. Auch die Leptite gehören in diese Gruppe von Gesteinen.

Hornfels

Alter: 450 bis 500 Millionen Jahre, Metamorphosealter 250 Millionen Jahre (Kambrium bis Ordovizium/Perm)
Herkunft: Oslo-Region (NO)
Häufigkeit: ●●○○○

Beschreibung: Hornfels ist durch Kontaktmetamorphose aus kambrosilurischem Schiefer entstanden. Hohe Temperaturen durch an die Oberfläche vordringende Gesteinsschmelzen haben den Tonschiefer quasi „gefrittet".
In Norwegen kennt man solche kontaktmetamorphen Zonen dort, wo Drammen-Granit und Larvikit (S. 82) an die paläozoischen Sedimente grenzen.
Das Gestein ist zäh, splittrig, flintartig, die Oberfläche samtig-stumpf. Die ursprünglichen Sedimentschichten sind noch erkennbar. Ihre Farben reichen von weiß und hellgrau über gelb bis hin zu violett und grün.

Ein metamorph überprägtes Sedimentgestein wird auch als Paragneis bezeichnet.

Flammen-Pegmatit

Alter: 1,4 Milliarden Jahre, Metamorphose vor 970 Millionen Jahren (Meso-/Neoproterozoikum)
Herkunft: Halland (SE)
Häufigkeit: ●●●○○

Beschreibung: Flammenpegmatit ist ein relativ neues Leitgeschiebe, das erst vor wenigen Jahren in die Literatur eingeführt wurde. Früher wurde es als „deformierter, bunter Pegmatit" bezeichnet. Kennzeichnend sind leuchtend rote (Orthoklas) und gelbe (Plagioklas) Feldspäte und breit ausgewalzte Quarzschlieren. Biotit fehlt vollständig. Das Gestein ist im nassen Zustand sehr viel besser zu erkennen, weil dann die charakteristischen Farben kräftig hervortreten.

Nicht immer zeigt der Flammen-Pegmatit das typische gneisartige Gefüge mit den ausgelängten Kristallen. Es gibt auch Vorkommen mit undeformiertem Gefüge (Bild links). Der Mineralgehalt ist jedoch derselbe. Auch hier treten die dunklen Minerale in der Regel stark in den Hintergrund, wobei einzelne Blöcke Biotit in nicht unerheblicher Menge führen können.

Unakit

Alter: meist über 1 Milliarde Jahre (Meso-/Neoproterozoikum)
Herkunft: Schweden, Norwegen
Häufigkeit: ●●●○○

Beschreibung: Unakite bestehen aus rotem Feldspat, grünem Epidot und Quarz. Sie entstehen durch sogenannte Metasomatose, also durch Mineralum- bzw. neubildungen. In einem Gesteinsverband können hydrothermale Lösungen zirkulieren, die gelöste Minerale oder vulkanische Gase enthalten. Bei der Abkühlung können in Rissen, Spalten oder Klüften Minerale ausgeschieden werden, in diesem Fall füllt lindgrüner Epidot Hohlräume aus.

Als Unakit werden traditionell auch tektonisch zerbrochene Granite bezeichnet, deren Bruchspalten mit Epidot ausgefüllt sind. Unakit zeigt seine wahre Farbenpracht erst im feuchten Zustand und eignet sich hervorragend als Trommelstein.

Phyllit

Alter: meist über 1,4 Milliarden Jahre (Mesoproterozoikum)
Herkunft: Norwegen, Schweden
Häufigkeit: ●●●○○

Beschreibung: Phyllit ist ein sehr glimmerreicher, metamorpher Tonschiefer. Besonders im Sonnenlicht glitzern die hellen Glimmerplättchen (Muskovit). Phyllite sind relativ weich, mit dem Fingernagel können kleine Schuppen abgehoben werden. Das Gestein wirkt „blättrig“, Spaltflächen sind leicht wellig. Ein Phyllit steht vom Metamorphosegrad aus gesehen zwischen Tonschiefer und Glimmerschiefer.

Glimmerschiefer

Alter: meist über 1,4 Milliarden Jahre (Mesoproterozoikum)
Herkunft: Norwegen, Schweden
Häufigkeit: ●●○○○

Beschreibung: Glimmerschiefer ist noch stärker umgewandelt als ein Phyllit. In seinen Lagen liegen neu gewachsene Minerale mit einem Durchmesser von teils mehreren Zentimetern, die man Porphyroblasten nennt. Häufig sind dies Granat- oder Hornblende-Kristalle. Glimmerschiefer ist durch sein gleißendes Strahlen im hellen Sonnenlicht leicht erkennbar.

Amphibolit

Alter: 1,4 Milliarden Jahre, Metamorphose vor 900 Millionen Jahren (Meso-/Neoproterozoikum)
Herkunft: Südwestschweden
Häufigkeit: ●●●●○

Beschreibung: Amphibolit ist ein dunkles, deutlich metamorph geprägtes Gestein. Hornblende ist Hauptbestandteil. Die teils zentimetergroßen Hornblende-Nadeln glitzern in der Sonne. Helle Plagioklas-Kristalle kommen in unterschiedlicher Menge vor.

Manchmal enthält Amphibolit blutrote, himbeerrote oder rotviolette Granat-Kristalle, die in der dunklen Matrix „schwimmen“. Ihre Größe reicht von wenigen Millimetern bis 2 cm Durchmesser, selten mehr. Man spricht dann von Granat-Amphibolit. Diese Gesteine kommen in allen metamorphen Gebieten Skandinaviens vor.

Weißschlieriger Granat-Amphibolit

Alter: 1,4 Milliarden Jahre, Metamorphose vor 900 Millionen Jahren (Meso-/Neoproterozoikum)
Herkunft: Südwestschweden
Häufigkeit: ●●●○○

Beschreibung: Weißschlieriger Granat-Amphibolit hat ein granoblastisch bis gneisartiges, migmatitisches Gefüge. Die Hornblende-Nadeln sind klein, die Granate blutrot. Weißer Plagioklas kommt schlierenartig im Gestein vor.

Weißschlieriger Granat-Amphibolit ist eines der wenigen Leitgeschiebe, die aus Südwestschweden stammen. Die weißen Plagioklas-Bänder sind unter hohem Druck durch partielle Aufschmelzung hervorgegangen. Der Weißschlierige Granat-Amphibolit steht damit an der Grenze zu einem Migmatit.

Sörmland-Granat-Gneis

Alter: 1,85 bis 1,95 Milliarden Jahre (Paläoproterozoikum)
Herkunft: Södermanland, Gävle (SE)
Häufigkeit: ●●●●○

Beschreibung: Kennzeichnend für den Sörmland-Granat-Gneis sind große, himbeerrote bis blassviolette Granat-Kristalle, die mehrere Zentimeter Durchmesser erreichen können. Das Gestein ist ein Migmatit. Die dunklen Partien entsprechen dem ursprünglichen Gestein (Palaeosom). Sie bestehen aus Biotit und führen untergeordnet auch Cordierit. Die hellen Lagen sind später entstanden, sie werden als Neosom („neuer Gesteinskörper") oder Leukosom („heller Gesteinskörper") bezeichnet. Sie bestehen aus Quarz und Feldspat.

Sörmland-Gneis kommt manchmal in großen Blöcken bis Findlingsgröße vor. Ähnliche Granat-Gneise gibt es auch bei Gävle, nördlich von Stockholm.

Mafischer Granulit

Alter: 1,4 Milliarden Jahre, Metamorphose vor 970 Millionen Jahren (Meso-/Neoproterozoikum)
Herkunft: Südwestschweden
Häufigkeit: ●●●○○

Beschreibung: Der Mafische Granulit ist ein granatführender Gabbro. Es handelt sich dabei um ein mattes, unauffälliges Gestein. Es besteht hauptsächlich aus dunklen Pyroxenen und hellen Plagioklasen. Dazwischen unregelmäßig eingestreut finden sich zahlreiche, winzigkleine Granat-Kristalle von blutroter Farbe. Sind die Granate saumförmig um die hellen Plagioklase angeordnet, spricht man von einem Granat-Coronit.
Der Mafische Granulit ist erst 1996 von Vinx als Leitgeschiebe erkannt worden. Er stammt aus demselben Herkunftsgebiet wie der Weißschlierige Granat-Amphibolit (S. 135), der jedoch deutlich mehr Hornblende führt, in hellem Licht glänzt und eine leichte parallele Einregelung der dunklen Minerale (Foliation) zeigt, wie sie beim Mafischen Granulit nicht zu beobachten ist.

Hornblende-Fels

Alter: 900 Millionen Jahre (Neoproterozoikum)
Herkunft: Skien, Telemark (NO); Westschweden, Västergötland (SE)
Häufigkeit:

Beschreibung: Felse sind dichte, massig wirkende, metamorphe Gesteine. Der Hornblende-Fels hat eine helle, schmutzig-weiße bis gelbliche Grundmasse, die in der Hauptsache aus Quarz und Feldspat besteht (felsitisch). Aufgrund der Metamorphose wachsen in der Grundmasse nadelförmige Hornblende-Kristalle. Sie können mehrere Zentimeter lang werden und sind teilweise parallel zueinander ausgerichtet. Das Gestein wird auch als „amphibol-porphyroblastischer Gneis" bezeichnet.

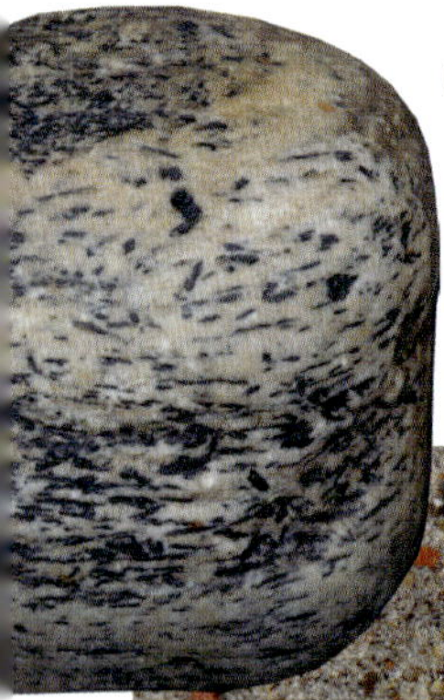

Hornblende-Felse sind im Norden Dänemarks häufiger zu finden, als an den schleswig-holsteinischen Küsten. Ihre Heimat ist wahrscheinlich in Südnorwegen oder Westschweden zu suchen.

Varberg-Charnockit

Alter: 1,4 Milliarden Jahre, Metamorphose vor 970 Millionen Jahren (Meso-/Neoproterozoikum)
Herkunft: Halland (SE)
Häufigkeit: ●●○○○

Beschreibung: Charnockite sind schwer zu erkennen. Es sind dunkle Gesteine mit granit-, manchmal auch gneisartigem Gefüge, die aus schwarzen Pyroxen und Amphibolen sowie gelblichen bis grünen Feldspäten bestehen. Quarz kommt in unterschiedlicher Häufigkeit vor, liegt dann meist in dünnen Schlieren vor. Typisch sind kleine rote Granatkörnchen (Bild rechts). Im Idealfall zeigen die dunken Minerale (vor allem die Hornblende) Foliation: Im Gestein sind dann kleine schwarze, parallel zueinander ausgerichtete, machmal leicht geschwungene Streifen sichtbar. Varberg-Charnockit besitzt oftmals eine gelbliche Verwitterungsrinde. Das frisch aufgeschlagene Gestein hat eine deutliche Grünfärbung, wie man sie von Graniten nicht kennt. Es gibt Übergänge zwischen dem Varberg-Charnockit und den Granat-Gabbros (S. 136).

Quarzit

Alter: 1 bis 2 Milliarden Jahre (Paläo- bis Neoproterozoikum)
Herkunft: Skandinavien
Häufigkeit:

Beschreibung: Quarzite sind metamorph überprägte Sandsteine. Die einzelnen Sandkörnchen sind durch die Metamorphose miteinander verwachsen. Schlägt man das Gestein mit dem Hammer auf, so brechen die einzelnen Quarzkörnchen durch, während bei einem reinen Sandstein die Sandkörnchen unbeschädigt bleiben würden. Quarzite sind meist weißlich, können aber durch Eisen gelb bis braun, durch Chlorit grün, durch Mangan violett oder durch Graphit dunkelgrau gefärbt sein.

Reine Quarze sind am Strand ebenfalls zu finden, hier sind keine einzelnen Mineralkörnchen erkennbar. Das Gestein springt spröde, ist meist milchig, selten rein weiß.

Urkalk

Alter: 1,8 bis 2 Milliarden Jahre (Paläoproterozoikum)
Herkunft: östliches Mittelschweden
Häufigkeit:

Beschreibung: Als „Urkalk“ werden metamorphe Kalke (= Marmor) des svekofennidischen Grundgebirges bezeichnet. Sie gehören zu den ältesten Sedimentgesteinen des baltoskandischen Raums. Das Gestein ist zuckerkörnig, schmutzig-weiß, gelegentlich rosa oder grünlich. Kleine Glimmerschüppchen und Graphitblättchen kommen vor, zudem rund ein Dutzend weiterer Minerale, darunter Spinell, Turmalin, Titanit und Quarz. Urkalk ist nicht selten, ist aber erst mit ein wenig Übung am Strand zu erkennen. Er kommt mitunter in sehr großen Blöcken vor.

Konglomerat

Alter: 1,6 Milliarden bis wenige Millionen Jahre (Mesoproterozoikum bis Neogen)
Herkunft: Skandinavien
Häufigkeit: ●●●●○

Beschreibung: Ein Konglomerat ist nichts anderes als ein versteinerter Strandabschnitt. In eine sandige Matrix sind zahlreiche, deutlich abgerundete Gesteinsstücke eingebettet. Diese Gerölle sind meist gleich groß, können in ihrer Größe aber auch stark variieren. Meistens sind Gerölle verschiedener Gesteinsarten vorhanden. Die eingebetteten Gerölle sind dabei immer älter als die Matrix. Nur wenige Konglomerate sind eindeutig bestimmbar. Das 1,6 Milliarden Jahre alte **Digerberg-Konglomerat** führt Gerölle von Dala-Porphyren und ist in Dalarna beheimatet. Das **Tosterup-Konglomerat** enthält zahlreiche grüne Sandsteine, Glimmerschiefer und Phosphorite. Es stammt aus der Oberen Kreide und ist 80 Millionen Jahre alt. Der sogenannte „**Puddingstein**“ führt sehr viele Feuerstein-Gerölle. Er kommt aus einem Gebiet zwischen Nordjütland und Südnorwegen und ist etwa 60 Millionen Jahre alt.

Brekzie

Alter: aus mehreren Formationen bekannt
Herkunft: Baltoskandien
Häufigkeit: ●●●●○

Beschreibung: Ähnlich wie bei einem Konglomerat (S. 142) sind im Brekzie Fremdgesteine in eine Matrix eingebettet, nur sind die Gesteinstrümmer in diesem Fall eckig, scharfkantig. Das Zerbrechen eines Gesteins kann durch tektonische Kräfte, durch Vulkanausbrüche, durch Felsstürze und andere Ereignissen erfolgen. Die Trümmer gehören meist einer einzigen Gesteinsart an. Die Risse können von eingedrungenem Sediment, von Quarz, Calcit oder anderen Mineralen ausgefüllt sein. Sogar Achat kann als Spaltenfüllung vorkommen. Die Heimat der Brekzien ist in der Regel nicht zu bestimmen. Von Forsmark (Uppland, SWE) kennt man eine Brekzie von braunroten Gesteinstrümmern, die mit weißem Quarz verkittet sind.

Dala-Sandstein

Alter: 1,3 Milliarden Jahre (Mesoproterozoikum)
Herkunft: Dalarna (SE), Gotlandsee bis Bottensee, Finnland
Häufigkeit: ●●●○○

Beschreibung: Die Jotnischen bzw. Dala-Sandsteine sind hellrot bis violett. Sie gehören zu den ältesten Sedimentgesteinen in Skandinavien. Es gibt zwei große Herkunftsgebiete. In Dalarna sind die roten Sandsteine bis zu 800 m mächtig. In der Bottensee und Bottenwiek sind ebenfalls ausgedehnte Sandsteinvorkommen bekannt.

Die mögliche Heimat der Geschiebe läßt sich am sichersten über begleitende kristalline Geschiebe ermitteln. Kommen Dala-Porphyre häufig vor, wird das Herkunftsgebiet in Dalarna zu suchen sein. Überwiegen jedoch Åland-Gesteine und die quarzreichen Ostseeporphyre, so werden die Sandsteine wohl aus der nördlichen Gotlandsee bis in die Bottensee stammen.

Häufig sind Wellenrippeln auf den Schichtflächen zu beobachten.

Jotnischer Sandstein mit Entfärbungsflecken

Alter: 1,3 Milliarden Jahre (Mesoproterozoikum)
Herkunft: Dalarna (SE), Gotlandsee bis Bottensee, Finnland
Häufigkeit:

Beschreibung: Einige der roten Sandsteine zeigen kreisrunde helle Flecken, die durch Verwitterung oder Ausbleichung entstanden sind. In einigen Gebieten sind diese Sandsteine sehr häufig. Ihr massenhaftes Vorkommen bei Trebus (nahe Fürstenwalde/Spree) brachte ihnen auch den Namen Trebuser Sandstein ein. Dala-Sandsteine zeigen eher eine rötliche Farbe, während die Bottensee-Sandsteine violett aussehen, aber es gibt Ausnahmen.

Es sei an dieser Stelle angemerkt, dass Dala-Sandsteine nach ihrem Herkunftsgebiet benannt sind, während das Jotnium eine stratigraphische Einheit (geologisches Zeitalter) darstellt.

Nexö-Sandstein

Alter: 600 Millionen Jahre (Neoproterozoikum)
Herkunft: Bornholm (DK)
Häufigkeit:

Beschreibung: Rotviolette, grobkörnige, fast konglomeratische Sandsteine kommen im Süden von Bornholm vor. Sie führen bis 1 cm große Quarze und vor allem sehr zahlreiche hellorange bis rosa Feldspäte. Aufgrund des hohen Feldspat-Anteils wird das Gestein auch als Arkose bezeichnt. Der Sandstein ist deutlich geschichtet.

Im Anstehenden sind in den Nexö-Sandstein hellrote, graue und grünliche, zum Teil glimmerreiche oder sehr feinkörnige Lagen eingeschaltet.

Kalmarsund-Sandstein

Alter: 520 bis 530 Millionen Jahre (Oberes Unterkambrium)
Herkunft: Kalmarsund zwischen Öland und dem schwedischen Festland
Häufigkeit: ●●●●○

Beschreibung: Die quarzitischen Kalmarsund-Sandsteine sind violettgelb gebändert. Durch ihre komplementäre Farbgebung fallen sie im Strandgeröll auf und werden gern von Sammlern mitgenommen. Sie sind nahezu fossilfrei, nur sehr selten sind einige Spurenfossilien aus ihnen bekannt geworden. Häufig ist eine Schrägschichtung in den Gesteinen zu beobachten. Eine vorgetäuschte Schrägschichtung in Form von violetten Bändern, die infolge von Fällungsreaktionen entstanden sind und die die echten Schichten kreuzt, ist unter dem Namen **Chisma-Sandstein** bekannt.

Das berühmteste Geschiebefossil *Xenusion*, ein Bindeglied zwischen Ringelwürmern und Gliedertieren, wurde bisher nur zweimal gefunden und stammt aus dem Xenusion-Quarzit, der dem Kalkmarsund-Sandstein sehr ähnlich oder vielleicht sogar mit ihm identisch ist.

Skolithen-Sandstein

Alter: 520 bis 540 Millionen Jahre (Unteres Kambrium)
Herkunft: Schonen, Kalmarsund (SE), evtl. Estland
Häufigkeit:

Beschreibung: Der Skolithen-Sandstein gehört zu den häufigsten Sedimentärgeschieben und führt zugleich die ältesten Fossilien, die man in Deutschland finden kann. Das quarzitische Gestein ist weißgrau bis gelblich. Senkrecht zur Schichtung stehen 2 bis 4 mm dicke Wohnröhren wurmartiger Organismen. Manchmal sind einige Sedimentlagen sowie die Röhren violett gefärbt. Die Schichtung ist durch die Röhren nicht beeinflusst worden, d. h. die Röhren wurden durch Verschleimung von Sandkörnchen nach oben in das freie Wasser gebaut, das Sediment hat sich erst später dazwischen abgelagert. Die häufigste Art dieser Spurenfossilien ist *Skolithos linearis*, zwei weitere Arten sind bekannt. Besonders attraktiv, aber auch etwas seltener, sind Sandsteine mit rotviolett gefärbten Röhren.

Monocraterion-Sandstein

Alter: 540 Millionen Jahre (Unteres Kambrium)
Herkunft: Südschweden
Häufigkeit: ●●●●○

Beschreibung: Viele unterkambrische Sandsteine und Quarzite zeigen eine deutliche Schichtung, die von Wohn- und Grabbauen durchbrochen wird. Die Erzeuger dieser Spurenfossilien sind unbekannt. *Monocraterion* (Bild rechts) bezeichnet senkrecht in das Sediment gegrabene Röhren. Dabei kam es zu der charakteristischen Schichtabbiegung, die bei dem abgebildeten Fund gut erkennbar ist. Auf der Gesteinsoberfläche (Bild rechts) erkennt man zwei ineinanderliegende Kreise (Röhre und Sedimenttrichter).

U-förmige Spreitenbaue, wie man sie heute vom Wattwurm kennt, nennt man *Diplocraterion*. Auf der Oberfläche des Gesteins sind dann hantelförmige Muster erkennbar: Die kreisförmigen Querschnitte der beiden Röhrenschenkel und dazwischen die bandförmige Spreite, die durch das Tiefertreiben des Baus entsteht.

Leoparden-Sandstein

Alter: 510 bis 545 Millionen Jahre, auch noch deutlich jünger (Unteres Kambrium bis Untere Kreide)
Herkunft: verschiedene Gebiete in Skandinavien
Häufigkeit: ●●●○○

Beschreibung: Viele Sandsteine zeigen auf der Oberfläche braune bis schwarze Flecken oder Löcher, die durch Auswitterung entstanden sind. Bei fortschreitender Verwitterung können durch Vereinigung der Flecken große, dunkle und mürbe Partien entstehen. Das Gestein kann an diesen Stellen mit den Fingern zerrieben werden. Früher wurde das Gestein als „Tiger-Sandstein“ bezeichnet. Da Tiger aber Streifen und keine Flecken haben, hat sich mittlerweile der Begriff „Leoparden-Sandstein“ durchgesetzt. Diese spezielle Art der Verwitterung ist übrigens nicht nur auf einen bestimmten Sandsteintyp beschränkt, sondern findet sich bei Sandsteinen aus verschiedenen Erdzeitaltern wie Kambrium oder Kreide. „Leoparden-Sandstein“ ist also ein Sammelbegriff und bezeichnet eher eine Verwitterungsform.

Kråksten

Alter: 520 bis 528 Millionen Jahre (Unteres Kambrium)
Herkunft: Schonen (SE)
Häufigkeit: ●●●○○

Beschreibung: Ein stark bioturbater, quarzitischer Sandstein wird im Schwedischen als „Kråksten" (Krähenstein) bezeichnet. Er besitzt häufig dunkel gefärbte Sedimentlagen. Kennzeichnend sind zudem senkrechte Wohnbaue grabender Organismen und zugleich auf den Schichtflächen angelegte, horizontale Kriechspuren. Dieses chaotische Wühlgefüge und die grünschwarze und weiße Farbgebung machen das Gestein, vor allem im feuchten Zustand, gut erkennbar.

Glaukonitischer Sandstein

Alter: 540 Millionen Jahre (Unteres Kambrium)
Herkunft: Bornholm (DK), Südschweden und andere Gebiete Skandinaviens
Häufigkeit: ●●●●○

Beschreibung: Ein deutlich geschichteter Sandstein aus dem Unteren Kambrium, der durch seinen hohen Glaukonitgehalt grün gefärbt ist. Das Gestein lässt sich gut spalten, Fossilien sind aber selten. Trotzdem werden nach ihrem Vorkommen *Volborthella*-, *Mobergella*-, *Acrothele*- oder Hyolithen-Sandstein und andere Varietäten unterschieden. Viele dieser Fossilien sind bis heute in ihrer systematischen Stellung umstritten. Ihr Alter ist in etwa dasselbe, das Herkunftsgebiet dürfte aber unterschiedlich sein. Wellige Glaukonitische Sandsteine, teilweise mit rostfarbenen Flecken, dürften dem „Grünen Schiefer" von Bornholm (S. 153) entsprechen.

Norretorp-Sandstein

Alter: 515 bis 518 Millionen Jahre (Unteres Kambrium)
Herkunft: Bornholm (DK), Südostschonen (SE)
Häufigkeit:

Beschreibung: Der sogenannte „Grüne Schiefer" ist in Wirklichkeit ein Sandstein, der auf Bornholm und in Südostschonen in einer Mächtigkeit von 80 bis 100 m ansteht. Die Schichtflächen sind sehr uneben, wodurch sich das Gestein von den ähnlichen Glaukonitischen Sandsteinen (S. 152) am Kalmarsund unterscheidet. Häufig sind dunkle Phosphoritgerölle. Ein sehr hoher Glaukonitgehalt ist für die grüne Farbe verantwortlich. Dort, wo der Glaukonit verwittert, verfärbt sich das Gestein bräunlich. Fossilien sind nur selten enthalten, und wenn, dann kommen vor allem Hyolithen vor, die in die Verwandtschaft der Weichtiere gehören. Häufig sind hingegen schmale Kriechspuren, von wurmartigen Organismen im Schlamm des Urmeers erzeugt. Als große Seltenheit gelten Trilobiten aus der Verwandschaft von *Holmia*.

Eophyton-Sandstein

Alter: 510 Millionen Jahre (Mittleres Kambrium)
Herkunft: Öland (SE)
Häufigkeit:

Beschreibung: Eophyton bedeutet übersetzt soviel wie „Frühe Pflanze“. Tatsächlich hat man die erhabenen Strukturen auf der Gesteinsoberfläche früher für die Abdrücke versteinerter Pflanzen (Tang) gehalten. In Wirklichkeit handelt es sich dabei jedoch um Schleif- und Driftmarken von Objekten, die von der Strömung über den Meeresgrund getrieben wurden und die in regelmäßigen Abständen aufsetzten. Die Eindrücke im Sediment wurden später ausgefüllt. Wir blicken heute auf den Gegenabdruck der einstigen Sedimentoberfläche, deswegen sind die Abdrücke jetzt als positves Relief erhalten. Die Gegenseite des Gesteins erscheint häufig wellig. Selten sind auf dieser Seite winzige, dreizehige Fußabdrücke unbekannter Gliedertiere erkennbar. Der Eophyton-Sandstein entspricht dem ***Paradoxissimus-*** („*Tessini*“-) **Sandstein** von Öland.

Stink-Kalk

Alter: 495 bis 505 Millionen Jahre (Oberes Kambrium)
Herkunft: Öland, Schonen, Västergötland, Östergötland, Närke (SE), Bornholm (DK), Oslo (NO)
Häufigkeit: ●●●●○

Beschreibung: Es gibt Steine, die man riechen kann. Der graubraune, aufgeschlagen fast schwarze Stink-Kalk gehört dazu. Er hat eine matte Oberfläche, ist manchmal deutlich geschichtet und häufig von hellen Calcit-reichen Adern durchsetzt. Kratzen Sie einmal mit einem Nagel oder Taschenmesser über den Stein und schnuppern Sie – Sie werden den Stein von seiner besten Seite kennenlernen. Ein Hauch von Bitumen.

Das Gestein ist reich an organischer Substanz. Beim Anschlagen verbreitet es seinen typischen Geruch – ein Stein, den man nicht vergisst. Entstanden ist der Stinkkalk aus dem Schlamm am Boden eines wenig bewegten Meeres im oberen Kambrium vor mehr als 500 Millionen Jahren. Die Schichtflächen sind oft von Fossilien (Trilobiten-Schill = Häutungsreste von „Dreilappern") übersät.

Roter Orthoceren-Kalk

Alter: 465 bis 485 Millionen Jahre (Unteres Ordovizium)
Herkunft: Öland, Västergötland (SE)
Häufigkeit:

Beschreibung: Rote Kalksteine gibt es fast ausschließlich im Unteren und Mittleren Ordovizium, aber natürlich gibt es Ausnahmen. Sie sind in der Regel deutlich geschichtet, manchmal von grünen oder gelben Partien durchzogen. Feinkörnige rote Kalke führen eine reiche Trilobitenfauna, grob kristalline Kalke enthalten häufig langgestreckte Gehäuse früher Kopffüßer (S. 157). Roter Orthoceren-Kalk ist ein wichtiger Baustoff, der von Schweden nach Dänemark und Norddeutschland exportiert wurde. Der Fußboden vieler Kirchen ist mit Orthoceren-Kalk ausgelegt, auch Grabplatten, Fassadenverkleidungen, Tischplatten und Fensterbänke werden aus Orthoceren-Kalk gefertigt.

Nach den enthaltenen Faunenelementen unterscheidet man einen Unteren, Mittleren und Oberen Roten Orthoceren-Kalk.

Grauer Orthoceren-Kalk

Alter: 420 bis 485 Millionen Jahre (Ordovizium bis Silur)
Herkunft: Schweden, Baltische Staaten (weit verbreitet)
Häufigkeit:

Beschreibung: Kalkstein ist im Meer entstanden. Die Oberfläche fühlt sich stumpf an. Das Gestein ist oft deutlich geschichtet. Kalkstein kann nahezu alle Farben haben, meist ist er weiß, grau, gelblich, grünlich oder rötlich. Kalksteine sind relativ weich und lassen sich mit dem Taschenmesser ritzen. Tropft man etwas Salzsäure (oder Essig) auf das Gestein, beginnt es zu schäumen – ein sicherer Nachweis für Kalk.

Graue Kalksteine stammen meist aus dem Ordovizium oder Silur und enthalten häufig Fossilien. Sammler schlagen deshalb gezielt Kalksteine auf, um dem Leben des Urmeers auf die Spur zu kommen. Manchmal sind Fossilien schon am Querbruch auf der Oberfläche des Gesteins zu erkennen.

Nach den enthaltenen Fossilien unterscheidet man einen Unteren, Mittleren und Oberen Grauen Orthoceren-Kalk.

Backstein-Kalk

Alter: 450 Millionen Jahre (Ordovizium: Caradoc)
Herkunft: mittlere Ostsee
Häufigkeit:

Beschreibung: Backstein-Kalk ist verkieselt, sehr hart und zäh. Die Kieselsäure stammt dabei aus überlagernden Bentoniten (kieselsäurereiche vulkanische Ablagerungen). Er bricht beim Aufschlagen fast feuersteinartig. Fossilien sind dann kaum herauszupräparieren, nur einige Wühlspuren von Würmern sind an calcitgefüllten Gängen zu erkennen. Typisch ist auch die kantige Form. Wenn der Backstein-Kalk verwittert, wird er beigebraun (Bild links), wirkt fast porös und erinnert tatsächlich an einen alten Backstein. Dann kann man in seinem Inneren verschiedene Fossilien finden: Algen, Moostierchen, Trilobiten, Muschelkrebse, Schnecken, Brachiopoden, Cystoideen (Beutelstrahler) und vieles mehr.

Manche Kalke, und nur Kalke, werden vom Bohrringelwurm bewohnt, der charakteristische kleine Gänge auf der Oberfläche hinterlässt. Anhand dieser kann man Kalke erkennen, auch so harte wie den Backstein-Kalk.

Macroura-Kalk

Alter: 450 Millionen Jahre (Ordovizium: Caradoc)
Herkunft: nördliches Öland (SE) und angrenzender Ostseeraum
Häufigkeit: ●●●●○

Beschreibung: Der grüngraue *Macroura*-Kalk kommt in gerundeten Blöcken vor, ist nicht geschichtet und von Wühlspuren durchsetzt. Charakteristisch sind rostbraune Flecken auf der Oberfläche des Gesteins. Manchmal kann man schon von außen Fossilquerschnitte erkennen oder die silbrig- bis seidig-graublau-glänzenden Schalen von Brachiopoden. Aufgeschlagene Blöcke können Schnecken, Muscheln, eingerollte Kopffüßer, Trilobiten (darunter der namensgebende *Toxochasmops macroura*), Brachiopoden, Moostierchen und Algen enthalten. Verwitterte Blöcke erinnern an den Backstein-Kalk (S. 158). *Macroura*-Kalk lässt sich jedoch besonders in feuchtem Zustand in den Fingern schmierig zerreiben, während Backstein-Kalk zerbricht.

Palaeoporellen-Kalk

Alter: 445 Millionen Jahre (Oberes Ordovizium)
Herkunft: Ostseegrund nördlich von Öland (SE)
Häufigkeit:

Beschreibung: Der Palaeoporellen-Kalk aus dem Oberen Ordovizium gehört zu den Algen-Kalken, d. h. zu den Gesteinen, die fast vollständig von Kalkalgen aufgebaut sind. Er ist rosaweiß bis grünweiß, zäh und in der Regel von Stylolithen durchsetzt. Dies sind Verzahnungen an den Schichtgrenzen, die durch Auflösungsvorgänge entstehen. Er führt selten andere Fossilien als die an den kreisrunden Querschnitten erkennbaren Kalkalgen. Brachiopoden und eingerollte Kopffüßer sind bekannt. Palaeoporellen-Kalk kann in tonnenschweren Blöcken von mehr als 1,5 m Länge vorkommen.

Ostsee-Kalk

Alter: 445 Millionen Jahre (Oberes Ordovizium)
Herkunft: Nordbaltikum
Häufigkeit:

Beschreibung: Der helle, rot geflammte Kalk ist hart und splittrig. Er erinnert an den lithographensteinartigen Solnhofener Plattenkalk. Kennzeichnend sind vor allem die rosaroten Partien, die in keinem anderen Kalk vorkommen. Allerdings gibt es auch Varianten die gelblichgrau sind, aber ebenso hart und scherbig brechend. Die roten Flecken im Ostsee-Kalk nennt der Volksmund auch „Abels Blut".

Fossilien sind selten und oft nur am Querschnitt zu erkennen. Sie müssen dann mühsam herauspräpariert werden. Das Gestein steht im Nordbaltikum an, denn Geschiebe können noch nördlich von Uppsala gefunden werden.

Colonus-Schiefer

Alter: 420 Millionen Jahre (Silur)
Herkunft: Schonen, Ostseegrund südöstlich von Öland (SE)
Häufigkeit:

Beschreibung: Im Obersten Silur von Schonen sind graue, sandige und glimmerreiche „Schiefer" bekannt. Sie sind fein geschichtet, meist wellig und nahezu fossilfrei. Einige plattige Geschiebe enthalten jedoch lagenweise von der Strömung eingeregelte Graptolithen (Schriftsteine), laubsägeblattartige Äste einer planktonisch lebenden, heute ausgestorbenen Tiergruppe der vorherrschenden Art *Colonograptus colonus* nennt man das Gestein auch *Colonus*-Schiefer. Manchmal sind die Schichtflächen von Eisenoxid (Rost) gelblich verfärbt.

Beyrichien-Kalk

Alter: 420 Millionen Jahre (Silur)
Herkunft: wahrscheinlich am Grund der Ostsee südwestlich von Gotland bis Estland
Häufigkeit:

Beschreibung: Ein blaugrauer, fossilreicher Kalkstein aus dem obersten Silur. Manchmal ist er regelrecht erfüllt von 1 bis 2 mm großen braunen Klappen eines winzigen Muschelkrebses (*Nodibeyrichia tuberculata*), von denen er seinen Namen erhalten hat. Sehr häufig sind auch die muschelähnlichen Brachiopoden. Etwa 5 mm groß und grob berippt ist *Microsphaeridiorhynchus nucula*, die man auch lose im Sand finden kann. Bis 10 mm breit und fein berippt ist *Protochonetes striatellus*. Auch Schnecken, Kopffüßer und andere Fossilien kommen im Beyrichien-Kalk vor. Meist sind die Fossilien schon auf der Oberfläche des Gesteins sichtbar, dann aber durch Abrollung mehr oder weniger stark beschädigt. Ein vorsichtiges Öffnen durch leichte Hammerschläge auf die Stirnseite des Geschiebes kann fantastisch erhaltene Fossilien auf den Schichtflächen freilegen.

Tonschiefer

Alter: 420 bis 515 Millionen Jahre (Mittleres Kambrium bis Silur)
Herkunft: Norwegen, Schweden, Bornholm (DK), Estland
Häufigkeit: ●●●●○

Beschreibung: Tonschiefer ist weich, schwarz und fühlt sich samtig-matt an. Er kommt aufgrund seiner geringen Härte meist nur in relativ kleinen Stücken vor. Schiefer ist sehr fein geschichtet und kann in blattdünne Schichten aufgespalten werden. Schieferlagen gibt es in vielen Regionen Skandinaviens. Er stammt meist aus dem Kambrium, Ordovizium oder Silur, aber auch jüngere Vorkommen sind bekannt. Je nach Alter des Gesteins kann ein Fundstück unterschiedliche Fossilien führen. Kambrische Schiefer enthalten häufig Trilobiten, ordovizische und silurische Graptolithen oder Brachiopoden, selten Muscheln. Es gibt auch glasharte, sehr splittrige Kieselschiefer oder Lydite, die meist Graptolithen bergen. Sie sind kantiger und meist dicker als die hier gezeigten Tonschiefer.

Sphaerosiderit

Alter: 190 bis 220 Millionen Jahre (Trias bis Unterer Jura)
Herkunft: Schonen (SE), Bornholm (DK)
Häufigkeit: ●●●○○

Beschreibung: Sphaerosiderite sind feinkörnige, eisenhaltige Sandsteingeschiebe, sehr hart und zäh, kaum aufzuschlagen. Die rotbraune Farbe der Oberfläche ist auf die Außenhaut des Gesteins beschränkt. Im Inneren sind die Geschiebe bräunlich bis grünlichgrau. Fossilien sind selten. Meistens sind die Blöcke nicht geschichtet, es gibt jedoch Varietäten, die eine undeutliche Schichtung zeigen und die mit Pflanzenresten erfüllt sind. Vollständige Blätter oder Farnwedel sind bekannt, aber sehr selten. Die meisten Sphaerosiderite stammen aus dem Rhät, also der Grenze von der Trias zum Lias, sie können aber auch jünger sein.

Saltholm-Kalk

Alter: 61 bis 66 Millionen Jahre (Unteres Tertiär: Danium)
Herkunft: Saltholm, Seeland (DK), Öresund und angrenzende Gebiete
Häufigkeit:

Beschreibung: Der Saltholm-Kalk, auch Coccolithen-Kalk oder heute Kopenhagen-Kalk genannt, ist ein hartes, deutlich geschichtetes Gestein von weißer oder graugelber Farbe. Es kann gelegentlich in einen harten, splittrigen Feuerstein übergehen. Brachiopoden (*Terebratula*) und Seeigel (*Echinocorys*) sind häufig. Meist sind diese nur im Querschnitt erkennbar und schwer herauszuschlagen. Auch große Spurenfossilien kommen in diesen Gesteinen oft vor. Andere Tiergruppen wie Muscheln, Schnecken, Krebse, Seesterne oder Haizähne können ebenfalls enthalten sein, sind aber eher selten. Saltholm-Kalk hat seinem Namen nach dem Vorkommen auf der Insel Saltholm („Salzinsel") östlich von Kopenhagen erhalten.

Limonit-Sandstein

Alter: 20 Millionen Jahre (Tertiär)
Herkunft: Schleswig-Holstein, Dänemark, Südschweden
Häufigkeit:

Beschreibung: Ein glimmerhaltiger Sandstein oder Kalksandstein mit eisenreichem Bindemittel. Häufig ist das Gestein von Muscheln und Schnecken erfüllt. Verwitterte Blöcke lassen die Hohlräume aufgelöster Muschelschalen oder Schneckengehäuse erkennen. Es gibt in Dänemark und Norddeutschland zahlreiche, regional begrenzte Vorkommen ähnlicher Gesteine, die nach ihrer Fauna, ihrem Alter und ihrem Verbreitungsgebiet unterschiedliche Namen tragen.

Glimmerreiche Sandsteine mit rotbrauner Verwitterungsrinde und braungrauem Kern kennt man auch aus dem Rhät-Lias-Sandstein (Bild rechts). Sie sind dann 190 bis 220 Millionen Jahre alt und können unbestimmbare Pflanzenhäcksel führen.

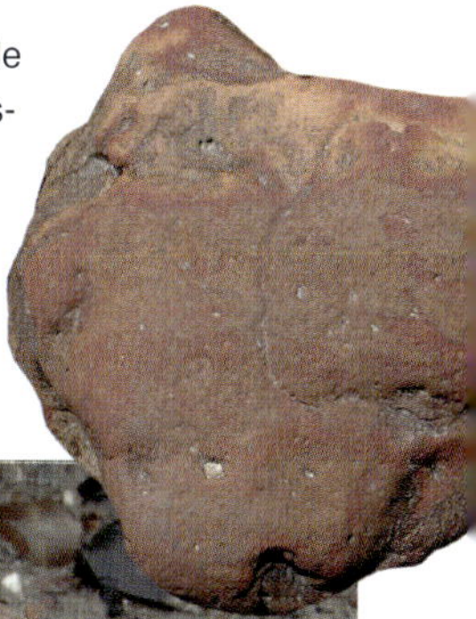

Feuerstein

Alter: 60 bis 70 Millionen Jahre (Obere Kreide bis Unteres Tertiär)
Herkunft: Dänemark, Schonen (SE)
Häufigkeit:

Beschreibung: Feuerstein oder Flint ist das häufigste Gestein an den Küsten Schleswig-Holsteins. Seine genaue Entstehung ist noch immer umstritten. Er hat sich im Sediment des Schreibkreidemeers gebildet, besteht aus Kieselsäure und ist damit chemisch vergleichbar mit Fensterglas, Achat oder Bergkristall. Feuerstein ist sehr hart und zäh. Er bricht muschelig und ist sehr scharfkantig. Unsere Vorfahren haben aus ihm Pfeilspitzen, Steinbeile, Schaber und viele andere Werkzeuge hergestellt. Er ist sehr fossilreich, jedoch kann man die Fossilien nicht herausschlagen (was zudem durch die Splittergefahr sehr gefährlich ist!). Seeigel, Muscheln, Moostierchen, Schwämme, Korallen und andere sind bekannt, sogar Fische und Saurierzähne können im Feuerstein vorkommen.

Grauer Feuerstein

Alter: 60 bis 70 Millionen Jahre (Obere Kreide bis Unteres Tertiär)
Herkunft: Dänemark, Schonen (SE)
Häufigkeit:

Beschreibung: Oft ist Feuerstein von einer weißen Rinde umgeben. Andere Feuersteine scheinen sogar völlig weiß. Im Inneren befindet sich jedoch ein schwarzer Kern. Die weiße Rinde ist kein Schreibkreiderest, sondern Opal. Beim Betropfen mit Salzsäure ist kein Aufschäumen zu beobachten. Feuerstein ist in Dänemark bzw. in Südschweden beheimatet. Als Geschiebe ist er von den Eiszeiten bis in die Niederlande, das Münsterland, an den Harzrand, in die Leipziger Bucht und sogar bis nach Tschechien transportiert worden. Seine äußerste Verbreitung ist die „Feuersteinlinie“, die auch gleichzeitig die maximale Ausdehnung der Gletscher kennzeichnet.
Mit Feuerstein und einer Pyritknolle (heute nimmt man oft Eisen/Stahl, am besten geht es mit einer alten Feile) kann man Funken schlagen. Hier hat übrigens der Name „Flinte“ für ein Steinschlossgewehr seinen Ursprung.

Gelber Feuerstein

Alter: 60 Millionen Jahre (Unteres Tertiär)
Herkunft: Dänemark, Schonen (SE)
Häufigkeit:

Beschreibung: Feuerstein ist nicht nur grau und schwarz, sondern kann auch gelbe und rote Farben zeigen. Gelber Feuerstein wird oft für Bernstein gehalten. Er ist jedoch sehr viel schwerer, glänzender und härter. Wenn man mit Feuerstein vorsichtig gegen seine Zähne klopft, so ist er kalt und unangenehm, Bernstein hingegen weich und angenehm. Gelber, brauner und roter Feuerstein ist jünger als die schwarze Variante, stammt aus dem Danien (ältestes Tertiär). Die Farben des Feuersteins sind häufig Verwitterungserscheinungen und rühren von Eisenverbindungen oder Huminsäuren her.

Grüngerindeter Feuerstein

Alter: 70 Millionen Jahre (Obere Kreide)
Herkunft: Dänemark, Schonen (SE)
Häufigkeit:

Beschreibung: Manchmal findet man Feuersteine mit grüner oder brauner Kruste, besonders an den Küsten um Heiligenhafen und Fehmarn. Die Rinde ist durch Imprägnierung mit Eisensalzen entstanden. Später hat sich im Flachmeer eine grüne Glaukonitkruste gebildet. Der grüngerindete Feuerstein hat eine bewegte Vergangenheit hinter sich. Er ist im Schlamm des kreidezeitlichen Meeres entstanden. Die Kreideschichten wurden später abgetragen, dadurch hat sich der harte Feuerstein vor Urzeiten am Strand angereichert. Im eindringenden Meer des Paläozäns haben sich dann zunächst die braune Rinde und später die grüne Kruste gebildet. Das Gestein wurde erneut eingebettet und Jahrmillionen später von den Gletschern der Eiszeit aufgenommen. Nach dem Abschmelzen der Eismassen hat der Stein dann am heutigen Ostseestrand eine dritte Heimat gefunden (bis ein Sammler ihn mitnimmt und ihn zu Hause auf quartärer Lagerstätte archiviert).

Roter Feuerstein

Alter: 89 bis 94 Millionen Jahre (Obere Kreide: Turon)
Herkunft: Helgoland
Häufigkeit:

Beschreibung: Roten Feuerstein gibt es nur auf Helgoland. Dieser besitzt einen tiefroten Kern, außen ist er schwarz gefärbt und zeigt wie viele andere Feuersteine eine weiße Opalkruste. Besonders im nassen Zustand schimmert der rote Kern durch. Auf Helgoland kann man Schmuck aus Rotem Feuerstein kaufen. Rot gefärbte Feuersteine an der Nord- und Ostseeküste fern ab von Helgoland sind durch Eisenverbindungen von außen eingefärbt, haben zumeist aber noch einen grauen Kern. Der Helgoländer Feuerstein ist etwas älter als unser Geschiebefeuerstein.

Köpinge-Sandstein

Alter: 70 bis 83 Millionen Jahre (Obere Kreide: Campan bis Maastricht (?))
Herkunft: Südostschonen (SE)
Häufigkeit:

Beschreibung: Der Köpinge-Sandstein führt in seiner typischen Ausbildung zahlreiche grüne Glaukonitkörnchen. Er ist feinkörnig und besitzt ein kalkiges Bindemittel. Fossilien liegen meist in Steinkernerhaltung vor. Häufiger sind glattschalige Kammmuscheln („*Pecten*"), aber auch Austernschalen, Schnecken und Belemniten kann man finden. Sehr selten kommen in diesem Gestein Mosasaurierreste in Form von Knochenfragmenten oder Zähnen vor. Auch Pflasterzähne von Fischen sind bekannt. In der Regel enthält das Gestein aber nur unbestimmbare Muscheln. Ähnliche Kalk-Sandsteine mit wenig oder keinem Glaukonit, aber zahlreichen Steinkernen von Muscheln, die auch auf der Oberfläche des Gesteins sichtbar sind, dürften ebenfalls zum Köpinge-Sandstein gehören.

Gebänderter Feuerstein & Scheinfossilien

Alter: 60 bis 70 Millionen Jahre (Obere Kreide bis Unteres Tertiär)
Herkunft: Dänemark, Schonen (SE)
Häufigkeit: ●●●○○

Beschreibung: Bei jedem Strandspaziergang stoßen wir auf Steine, die in ihrer Form an Lebewesen oder irgendwelche Dinge erinnern. Besonders Feuersteine können nahezu jede Gestalt annehmen und unsere Fantasie anregen: Ein versteinerter Seehund, eine Schildkröte, ein Vogelkopf, eine Erdnuss, ein Fußabdruck … Mit Fossilien haben diese Gebilde aber nichts gemeinsam. Es sind reine Zufallsbildungen.

Die Streifen des Gebänderten Feuersteins sind auf rhythmische Fällungen zurückzuführen, auch sie sind rein anorganischer Entstehung.

Häufig sind eiförmige Kieselkonkretionen im Feuerstein, die mitunter wie eingeschlossene Seeigel aussehen, aber keine Schale besitzen.

Hühnergötter

Alter: 60 bis 70 Millionen Jahre (Obere Kreide bis Unteres Tertiär)
Herkunft: Dänemark, Schonen (SE)
Häufigkeit:

Beschreibung: Kleine Feuersteine mit Loch werden als Hühnergott bezeichnet. Sie wurden in der Vergangenheit mit einem Faden an eine Hühnerstange gehängt. Das Federvieh sollte so zu verbesserter Legetätigkeit angeregt werden. Auch der Fuchs sollte durch diesen Brauch von einem Eindringen in den Hühnerstall abgehalten werden.

Besonders große, durchlochte Feuersteine (bis 1 m Durchmesser) sind die „Saßnitzer Blumentöpfe“, die an den Steilküsten Rügens gefunden werden, aber gelegentlich auch in Schleswig-Holstein auftreten. In Dänemark heißen sie Flintkrukke, in der Fachsprache Paramoudras.

Hanaskog-Flint

Alter: 80 Millionen Jahre (Obere Kreide)
Herkunft: Hanaskog, Schonen (SE)
Häufigkeit:

Beschreibung: Der Hanaskog-Flint aus dem Campan (Obere Kreide) wird auch sehr treffend als weißgefleckter Feuerstein bezeichnet. Kennzeichnend sind zahlreiche, 1 bis 2 mm große Flecken aus weißem Opal. Häufig sind die hellen Partien verwittert und haben Hohlräume im Gestein hinterlassen. Die Geschiebe sind nur selten größer als eine Faust, es sind jedoch auch schon Blöcke mit einer Kantenlänge von mehr als 30 cm gefunden worden. Manchmal führt der Hanaskog-Flint auch Fossilen wie Muscheln, Belemniten und sogar die im Feuerstein sonst sehr seltenen Schnecken.

Ockergelber Hornstein

Alter: 60 Millionen Jahre (Unteres Tertiär)
Herkunft: Dänemark
Häufigkeit:

Beschreibung: Der Ockergelbe Hornstein ist hart, zäh, feuerstein- bzw. jaspisartig. Die Oberfläche ist löcherig und auch im Inneren finden sich zahlreiche kleine Hohlräume, die meist mit Chalcedon oder sogar Achat ausgefüllt sind. Hornstein ist durch Verkieselungsvorgänge in Bryozoenkalken entstanden. Er ist in der Regel fossilreich, von Bryozoen (Moostierchen), kleinen Austernschalen und Seeigelbruchstücken durchsetzt. Aber auch völlig fossilleere Blöcke sind bekannt.

Kreide-Kalk

Alter: 70 Millionen Jahre (Obere Kreide)
Herkunft: Dänemark
Häufigkeit:

Beschreibung: Kreide-Kalk ist aus den mikroskopisch kleinen Kalkplättchen winziger, planktisch lebender Flagellaten (Einzeller) aufgebaut. Er ist sehr weich und reibt sich leicht ab. Man kann mit ihm auf anderen Gesteinen schreiben, er hat aber nichts mit der Tafelkreide zu tun. Fossilien kommen in den Kreide-Kalken vor, sind aber nicht besonders häufig. Man kennt Seeigel, Muscheln, Belemniten, Brachiopoden und andere. Im Kreide-Kalk haben sich die Feuersteine gebildet, die im Anstehenden regelrechte Bänder bilden und sogar für stratigraphische Untersuchungen herangezogen werden.

Ähnliche Gesteine gibt es auch noch im ältesten Tertiär (**Bryozoen-Kalk**), die dann massenhaft Äste der winzigen Moostierchen führen.

Faxe-Kalk

Alter: 60 Millionen Jahre (Unteres Tertiär)
Herkunft: Faxe, Seeland (DK)
Häufigkeit:

Beschreibung: Der Faxe-Kalk ist schmutzig-weiß, fest und sehr feinkörnig. Er ist meist vollkommen von Korallenästen durchsetzt, die häufig in Steinkernerhaltung vorliegen. Auf der Oberfläche des Gesteins sind die Querschnitte der Korallen mit dem typischen Septenmuster erkennbar. Dort, wo die Korallen verwittern, entstehen tiefe Löcher. Die häufigste Korallenart ist *Faksephyllia faxoensis*. Oft kommen auch kleine Krebspanzer vor, die meist zu *Dromiopsis rugosa* gehören. Auch Schnecken, Nautiliden, Haizähne und andere Fossilien sind bekannt, aber sehr selten. Der Faxe-Kalk stammt aus dem Danien (ältestes Tertiär).

Phosphorite

Alter: 10 bis 545 Millionen Jahre (seit dem Kambrium; häufig im Tertiär)
Herkunft: Skandinavien
Häufigkeit: ●●●○○

Beschreibung: Phosphorite entstehen in geringen Meerestiefen (bis vielleicht 300 m) durch Anreicherungen von Calciumphosphaten. Die organische Substanz stammt dabei meist von aufgelösten Knochen, Zähnen und anderen phosphorreichen Substanzen. Diese Konkretionen sind dunkelbraun bis schwarz, außen hellbeige verwittert. Viele Phosphorite sind stabförmig oder knollig.

Phosphorite sind mit dem Säuretest von ähnlichen Kalk- oder Tonkonkretionen zu unterscheiden, denn sie schäumen beim Betropfen mit Salzsäure nicht auf. Phosphorite kommen meist als Geröll in anderen Gesteinen vor, können aber auch lose gefunden werden. Sie stammen aus verschiedenen Erdzeitaltern.

Tonkonkretionen, Septarien

Alter: 30 bis 50 Millionen Jahre (Tertiär)
Herkunft: Schleswig-Holstein, Dänemark
Häufigkeit:

Beschreibung: In vielen (tertiären) Tonen entstehen um einen Kristallisationskern (z. B. eine Muschel, ein Haizahn oder ein Stückchen Holz) knollige Konkretionen. Aber wenn man die Konkretionen aufschlägt, ist von diesem meistens nichts mehr zu erkennen. Ihre Form ist unregelmäßig, manchmal rund bis eiförmig. Sie sind rotbraun bis graubraun, innen hellbeige und in der Regel von einer schwarzen Außenhaut umgeben. Beim Betropfen mit Salzsäure schäumen diese kalkhaltigen Knollen deutlich auf.

Von Septarien spricht man, wenn im Inneren durch Austrocknung Schrumpfungsrisse auftreten, die mit meist gelbem Calcit ausgefüllt sind.

Zementstein, Moler

Alter: 55 Millionen Jahre (Unteres Tertiär: Eozän)
Herkunft: Nordjütland
Häufigkeit: Nordjütland , andernorts

Beschreibung: Im Gebiet des Limfjords in Norddänemark steht die 60 m mächtige Fur-Formation an, die aus Moler (dänisch „ler“ = „Ton“), Zementstein und Aschenschichten aufgebaut sind. Der Moler ist ein marines Sediment und besteht hauptsächlich aus Kieselalgen (Diatomeen) und Ton. Ist dieser Ton mit Kalk verkittet (zementiert), so spricht man von Zementstein. In dieser Sedimentfolge sind 179 dunkle vulkanische Aschenlagen bekannt. In den Schichten kann man Fossilien finden, vor allem Fische und Insekten, aber auch Schlangensterne, Vögel und andere Tiere sind bekannt.

Geschiebe dieser Schichtenfolge sind im Norden Dänemarks häufig, kommen in Schleswig-Holstein seltener vor. Es gibt übrigens rund um Fehmarn und im Nordosten Mecklenburg-Vorpommerns ähnliche Ablagerungen, die ebenfalls Lokalgeschiebe geliefert haben.

Heiligenhafener Gestein

Alter: 50 Millionen Jahre (Unteres Tertiär: Eozän)
Herkunft: Tieferer Untergrund um Heiligenhafen (S.-H.) und der Kühlung südwestlich von Bad Doberan (M.-V.)
Häufigkeit:

Beschreibung: Im feuchten Zustand olivgrün, trocken eher grau, scherbig brechend. Das Gestein verwittert schnell, zerfällt dann in viele, scharfkantige Bruchstücke. Fossilien sind selten, Muscheln (*Flabellipecten*) und sehr selten auch vollständige Krebse sind bekannt.

Das Heiligenhafener Gestein aus dem Eozän ist ein typisches Lokalgeschiebe. Es steht im Untergrund vor Heiligenhafen an und kommt deshalb besonders häufig an den umliegenden Steilküsten, von Weissenhaus bis zum Brodtener Ufer vor, ist aber auch an anderen Küsten nachgewiesen. Man findet es kaum noch nördlich von Kiel oder östlich von Rostock. In Mecklenburg spricht man von „**Scherbelstein**".

Faserkalk

Alter: 50 Millionen Jahre (Unteres Tertiär: Eozän)
Herkunft: oberflächennahe eozäne Tone zwischen Ostschleswig und Nordmecklenburg, häufig in Ostholstein/Fehmarn
Häufigkeit:

Beschreibung: Oft wird der Faserkalk mit versteinertem Holz verwechselt, er ist jedoch ein Mineral und kein Fossil. Es handelt sich um gelbliche bis schmutzigblaugraue Kalkkonkretionen. Von einer horizontalen Nahtlinie sind faserige Kalzit-Kristalle nach oben und nach unten in den umgebenden Ton gewachsen. Dunkle Einschlüsse im Faserkalk sind meistens Lagen vulkanischer Asche. Bei der Öffnung des Atlantiks im Tertiär vor rund 50 Millionen Jahren gab es im Gebiet von den Faröer-Inseln bis zu den Hebriden einen ausgedehnten Vulkanismus, dessen Spuren sich im Faserkalk nachweisen lassen. Der Faserkalk ist durchscheinend, lässt sich gut schleifen und als Schmuckstein verwenden. Noch heute nennt man ihn auch „Ostsee-Jade“.

Von der seltenen rosafarbenen Variante (Bild links) wissen wir weder Herkunft noch Alter.

Bernstein

Alter: 40 Millionen Jahre (Unteres Tertiär: Eozän bis Oligozän)
Herkunft: Ostseeraum
Häufigkeit:

Beschreibung: Bernstein ist das fossile Harz der Bernsteinkiefer und anderer Harz-produzierender Bäume, die vor 40 Millionen Jahren in Schweden, Finnland und im Baltikum beheimatet waren. Im Harz eingeschlossen kann man Insekten, Spinnen und andere Tiere finden, bis in die feinsten Härchen erhalten. Jeder hat wohl an der Ostsee- oder Nordseeküste schon nach Bernstein gesucht. Besonders nach Stürmen stehen die Chancen nicht schlecht. Dort, wo Seetang und kleine Holzstückchen liegen, ist auch Bernstein zu erwarten. Er ist leichter als gelber Feuerstein, brennt, riecht aromatisch (Schleifpapier oder heiße Nadel) und schwimmt auf konzentriertem Salzwasser.

Übrigens: Jungfrauen haben der Sage nach die größten Chancen auf gute Funde. Der friesische Seetroll Ekke Nekkepen wirft ihnen den Bernstein aus dem Schlick in Bewunderung ihrer Schönheit vor die Füße.

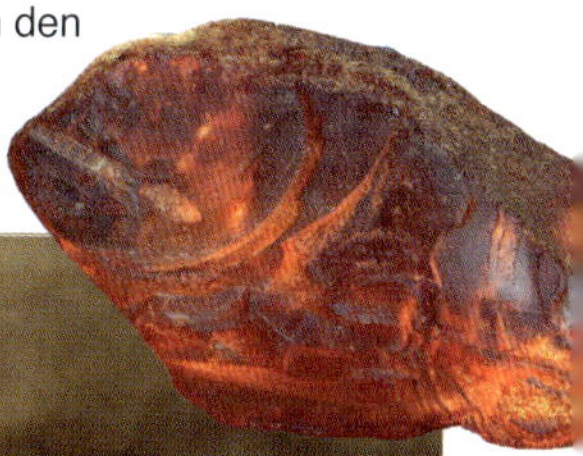

BELL, P. & WRIGHT, D. (1987): Gesteine und ihre Mineralien finden und bestimmen. – 192 S., 400 Farbabb.; Stuttgart.

CALLISEN, K. & GRY, H. (1962): Sten i farver. – 160 S., zahlr. Abb.; Kopenhagen.

DIETRICH, H. & HOFFMANN, G. (2003): Entstehung und Herkunft der Findlinge. – 28 S., zahlr. Farbabb.; Rostock.

DIETRICH, R.V. & SKINNER, B.J. (1984): Die Gesteine und ihre Mineralien. – 357 S., zahlr. Abb.; Thun.

GRAVESEN, P. (1993): Fossiliensammeln in Südskandinavien. – 248 S., zahlr. Abb.; Korb.

GRIPP, K. (1964): Erdgeschichte von Schleswig-Holstein. – 411 S., zahlr. Abb.; Neumünster.

HANN, H.P. (2015): Grundlagen und Praxis der Gesteinsbestimmung. – 352 S., 258 Abb.; Wiebelsheim.

HEIDE, G.D. V.D. & HELLINGA, W. TJ. (1974): Zwerfstenen. Herkomst en benoeming van geologische materialen in Nederland. – 336 S., zahlr. Abb.; Naarden.

HELLINGA, W.TJ. (1980): Elseviers Zwerfstenen Gids. – 246 S., 250 Farbabb.; Amsterdam, Brüssel.

HESEMANN, J. (1936): Zur Petrographie einiger nordischer kristalliner Leitgeschiebe. – Abhandlungen der Preußischen Geologischen Landesanstalt, N.F., 173: 167 S. –14 Tab., 7 Taf.; Berlin.

HESEMANN, J. (1975): Kristalline Geschiebe der nordischen Vereisungen. – 267 S., 44 Abb., 29 Tab., 9 Taf.; Krefeld.

HUCKE, K. & VOIGT, E. (1967): Einführung in die Geschiebeforschung (Sedimentärgeschiebe). – 132 S., zahlr. Abb.; Oldenzaal.

HUISMAN, H. & BRAAKSMA, M. (2021): Het Groot Keienboek. Zwerfstenen uit Scandinavie. – 480 S., 4500 Abb.; ohne Ort.

KAHLKE, H.D. (1994): Die Eiszeit. – 192 S., zahlr. Abb.; Leipzig, Jena, Berlin.

KORN, J. (1927). Die wichtigsten Leitgeschiebe der nordischen kristallinen Gesteine im norddeutschen Flachlande. Ein Führer für den Sammler kristalliner Gesteine. – 64 S., 6 Taf., 8 Karten; Berlin.

LIJN, P. VAN DER (1935): Nederlandse zwefstenen. – 150 S., 300 Fotos; Zutphen.

LIJN, P. VAN DER (1963): Het Keienboek. – 361 S., 322 Abb., 112 Fotos; Zutphen.

LINDSTRÖM, M. & LUNDQVIST, J. & LUNDQVIST, T. (2000): Sveriges geologi från urtid till nutid. – 491 S., zahlr. Abb.; Lund.

LUNDEGÅRDH, P. & LAUFELD, S. (1984): Norstedts stora Stenbok. Mineral, Bergarter, Fossil. – 376 S., 104 Abb., 369 Farbbilder; Stockholm.

LÜTTIG, G. (1958): Methodische Fragen der Geschiebeforschung. – Geologisches Jahrbuch, 75: 361-418, 17 Abb., 1 Tab., 3 Taf.; Hannover.

MADSEN, L. (1993): Strandsteine aus Dänemark. – 32 S., zahlr. Farbabb.; Brenderup.

MARESCH, W. & MEDENBACH, O. (1987): Steinbachs Naturführer: Gesteine. – 287 S., 90 Abb., 380 Farbfotos; München.

MILTHERS, K. (1972): Stenene og det danske landskab. – 48 S., 9 Abb., 4 Farbtaf.; Aschehoug, Kopenhagen.

PAPE, H. (1988): Leitfaden zur Gesteinsbestimmung. – 152 S., 65 Abb., 9 Tab.; Stuttgart.

ROTHE, P. (2002): Gesteine. Entstehung, Zerstörung, Umbildung. – 192 S., 177 Abb.; Darmstadt.

RUDOLPH, F. (1997): Geschiebefossilien, Teil 1: Paläozoikum. – Fossilien, Sonderheft 12: 64 S., 4 Tab., 28 Taf.; Korb.

RUDOLPH, F. (2011): Noch mehr Strandsteine. Sammeln und Bestimmen von Steinen an der Nord- und Ostseeküste. 2. Auflage. – 224 S., 277 farbige Abb.; Neumünster.

RUDOLPH, F. (2015): Wachholtz kompakt: Wie bestimme ich Steine am Strand? – 96 S., zahlr. farbige Abb.; Neumünster.

RUDOLPH, F. (2016): Strandsteine. Sammeln und Bestimmen von Steinen an der Ostseeküste. 12. Auflage. – 160 S., 288 farbige Abb.; Neumünster.

RUDOLPH, F. (2017): Das große Buch der Strandsteine. Die 300 häufigsten Steine an Nord- und Ostsee. – 300 S., zahlr. farbige Abb.; Neumünster.

RUDOLPH, F. & BILZ, W. (2000): Geschiebefossilien, Teil 2: Mesozoikum. – Fossilien, Sonderheft 14: 64 S., 9 Abb., 24 Taf.; Korb.

SCHMIDTKE, K.-D. (1995): Die Entstehung Schleswig-Holsteins. – 128 S., zahlr. Abb.; Neumünster.

SCHULZ, W. (2003): Geologischer Führer für den norddeutschen Geschiebesammler. – 507 S., zahlr. Abb.; Schwerin.

SEBASTIAN, U. (2014): Gesteinskunde. Ein Leitfaden für Einsteiger und Anwender. 3. Auflage. – 212 S., 142 Abb., 141 farb. Abb.; Berlin, Heidelberg.

SMED, P. & EHLERS, J. (2002): Steine aus dem Norden. Geschiebe als Zeugen der Eiszeit in Norddeutschland. – 194 S., 83 Abb., 34 Farbtaf.; Berlin, Stuttgart.

VINX, R. (2002): Gesteine des Baltischen Schildes in Norddeutschland: Glazialgeschiebe an der Ostseeküste von Schleswig und NW-Mecklenburg. – Beih. z. Eur. J. Mineral., 14 (1): 219-242, Abb. 1-5; Stuttgart.

VINX, R. (2015): Gesteinsbestimmung im Gelände. – 480 S., 438 Abb.; Berlin, Heidelberg.

VINX, R. (2016): Steine an deutschen Küsten. Finden und Bestimmen. – 279 S., zahlr. farb. Abb.; Wiebelsheim.

VINX, R. (2024): Gesteine – Dokumente der Erdgeschichte. Ihre Entstehung und Bedeutung für Klima, Leben und Landschaft. – 312 S., 439 farb. Abb., 3 Tab.; Wiebelsheim.

WIMMENAUER, W. (1985): Petrographie der magmatischen und metamorphen Gesteine. – 382 S., 297 Abb., 106 Tab.; Stuttgart.

YDE, T. (1998): Sten og forsteninger i Danmark. – 48 S., zahlr. Farbabb.; Risskov.

ZANDSTRA, J.G. (1988): Noordelijke kristallijne gidsgesteenten. – 469 S., 51 Abb., 32 Farbfotos; Leiden, New York, Kopenhagen, Köln.

ZANDSTRA, J.G. (1999): Platenatlas van noordelijke kristallijne gidsgesteenten. – 412 S., 31 Abb., 272 Farbfotos; Leiden.

DER GESCHIEBESAMMLER.
Eine populärwissenschaftliche Zeitschrift für Sammler nordischer Geschiebe. Seit 1966. – Verlag Dr. Frank Rudolph, Dorfstr. 8, 24888 Steinfeld.
Internet: www.geschiebesammler.de.

GESCHIEBEKUNDE AKTUELL.
Mitteilungen der Gesellschaft für Geschiebekunde. Seit 1984. – Hamburg/Greifswald.
Internet: www.geschiebekunde.de.

Internet:

www.geologische-streifzuege.info
www.kijkeensomlaag.nl
www.kristallin.de
www.skan-kristallin.de
www.stenenzoeken.nl
www.strandsteine.de
www.strand-und-steine.de
www.vendsysselstenklub.dk

Bezugsquelle für geologische Bücher:
www.fossilbuch.de

Stratigraphische Tabelle

Ära	System		Serie	Zeit
Känozoikum	Quartär		Holozän	0,012
			Pleistozän	2,58
	Tertiär	Neogen	Pliozön	5,33
			Miozän	23,03
		Paläogen	Oligozän	33,9
			Eozän	56,0
			Paläozän	66,0
Mesozoikum	Kreide		Oberkreide	100,5
			Unterkreide	145,0
	Jura		Malm	163,5
			Dogger	174,1
			Lias	201,3
	Trias		Obertrias	237,0
			Mitteltrias	247,2
			Untertrias	252,2
Paläozoikum	Perm		Lopingium	259,8
			Guadalupium	272,3
			Cisuralium	298,9
	Karbon		Pennsylvanium	323,2
			Missisipium	359,9
	Devon		Oberdevon	382,7
			Mitteldevon	393,3
			Unterdevon	419,2
	Silur		Pridoli	423,0
			Ludlow	427,4
			Wenlock	433,4
			Llandovery	443,8
	Ordovizium		Oberordovizium	458,4
			Mittelordovizium	470,0
			Unterordovizium	485,4
	Kambrium		Furongium	497
			Serie 3	509
			Serie 2	521
			Terreneuvium	541
Proterozoikum	Neoproterozoikum			1000
	Mesoproterozoikum			1600
	Paläoproterozoikum			2500
Archaikum				4000
Hadaikum				4600

Stand Oktober 2016. Zeit = Beginn vor Millionen Jahren

INDEX

A

B

C

D

E

F

G

H

I

J

K

L

M

DANKSAGUNG

Für wertvolle Hinweise, fachliche Diskussionen, mühsames Korrekturlesen, wichtige Ergänzungen, überlassene Fotos und gemeinsame Exkursionen danke ich Matthias Bräunlich (Hamburg), Uwe Kankel (Schwentinental), Jana Rudolph (Kiel), Marc Torbohm (Berlin), Holger Tüxen (Steinbergkirche) und Hildegard Wilske (Flensburg).

BILDNACHWEIS

Alle Bilder: Frank Rudolph, Steinfeld, außer:
Imago Images, Berlin: Titelbild Mitte; Bildagentur Huber, Garmisch-Partenkirchen: Bild Rückseite; Adobe.Stock: Karte S. 15

IMPRESSUM

Bibliographische Information der Deutschen Nationalbibliothek
Die Deutsche Nationalbibliothek verzeichnet diese Publikation in der Deutschen Nationalbibliographie; detaillierte bibliographische Daten sind im Internet über http://dnb.d-nb.de abrufbar.

Borselstr. 16 C
D-22765 Hamburg
info@ellert-richter.de

2. Auflage 2026

ISBN 978-3-8319-0894-3

Text & Fotos: Frank Rudolph, Steinfeld
Lektorat: Ricarda Rowold, Hamburg
Gestaltung: BrücknerAping, Büro für Gestaltung, Bremen
Gesamtherstellung: ADverts printing house, Riga, Lettland

www.ellert-richter.de
www.facebook.com/EllertRichterVerlag
www.instagram.com/ellert_richter_verlag

FSC
www.fsc.org
MIX
Paper | Supporting responsible forestry
FSC® C106236